作物科学研究实验技术

段美洋　唐湘如　主编

中国农业大学出版社
·北京·

内 容 简 介

本书主要内容为水稻、玉米、花生、大豆、甘蔗、甘薯、烟草等华南主要农作物科学研究实验技术，包含作物种子检验、营养元素检测、光合测定、代谢组分测定、安全检测、产量调查研究、品质检验 7 章共 48 个实验。本书可作为农艺与种业专业(领域)、作物栽培学与耕作学专业研究生的实验教材，也可作为相关专业从业人员的培训教材及常备参考书。

图书在版编目(CIP)数据

作物科学研究实验技术/段美洋，唐湘如主编. --北京：中国农业大学出版社，2023.12
ISBN 978-7-5655-3142-2

Ⅰ.①作… Ⅱ.①段… ②唐… Ⅲ.①作物－试验 Ⅳ.①S5-33

中国国家版本馆 CIP 数据核字(2024)第 017776 号

书　名　作物科学研究实验技术
Zuowu Kexue Yanjiu Shiyan Jishu
作　者　段美洋　唐湘如　主编

策划编辑　何美文　　**责任编辑**　何美文
封面设计　李尘工作室
出版发行　中国农业大学出版社
社　址　北京市海淀区圆明园西路 2 号　　**邮政编码**　100193
电　话　发行部 010-62733489，1190　　读者服务部 010-62732336
编辑部 010-62732617，2618　　出 版 部 010-62733440
网　址　http://www.caupress.cn　　**E-mail** cbsszs@cau.edu.cn
经　销　新华书店
印　刷　河北虎彩印刷有限公司
版　次　2023 年 12 月第 1 版　　2023 年 12 月第 1 次印刷
规　格　185 mm×260 mm　　16 开本　　9.25 印张　　231 千字
定　价　32.00 元

编写人员

主　编　段美洋　（华南农业大学）

唐湘如　（华南农业大学）

副主编　王树丽　（华南农业大学）

莫钊文　（华南农业大学）

参　编　（按姓氏拼音排序）

包格根　（仲恺农业工程学院）

程思忍　（玉林师范学院）

李　武　（广东省农业科学院作物研究所）

李艳红　（广东省农业科学院设施农业研究所）

潘圣刚　（华南农业大学）

祁剑英　（华南农业大学）

饶刚顺　（广东海洋大学）

任　勇　（玉林师范学院）

田　华　（华南农业大学）

王蕾迪　（华南农业大学）

肖立中　（华南农业大学）

钟克友　（华南农业大学）

主　审　沈万宽　（华南农业大学）

前 言

作物科学研究法为农艺与种业专业(领域)选修课程,重点讲解本领域的研究方法、技术原理及其应用,通过对作物种子、营养元素、物质组分、光合作用、重金属及农药残留等进行检测,研究实现作物高产、优质、安全、高效的科学技术。该课程旨在培养和提高研究生的研究实践技能,为其更好地开展学位论文研究提供理论和技术支持。

全书分为 7 章共 48 个实验项目,主要有作物种子检验、作物营养元素检测、作物光合测定、作物代谢组分测定、作物安全检测、作物产量调查研究、作物品质检验和附录。实验项目贯穿作物整个生长过程,始终围绕作物高产、优质、安全、高效 4 个方面,具有较强的系统性。种子是种业发展的核心载体;科学的养分管理、加强农产品质量和安全监管,是实现我国农业可持续发展和建设美丽中国、健康中国的重要举措;提高作物产量是我国粮食安全、能源安全的有效保障。本书有机融入党的二十大关于“全面推进乡村振兴”精神,坚持绿色、循环、低碳农业可持续发展。

本书由段美洋、唐湘如担任主编,沈万宽担任主审,王树丽、莫钊文担任副主编,编写人员还有包格根、程思忍、李武、李艳红、潘圣刚、祁剑英、饶刚顺、任勇、田华、王蕾迪、肖立中、钟克友。本书获得华南农业大学研究生教育创新计划——高水平研究生教材建设项目的支持。编写过程中参考和引用了大量教材与相关科技文献,在此对其编著者及出版者表示真挚的谢意。

限于编写时间和编者水平,书中难免有错漏和不足之处,敬请广大读者批评指正。

编 者

2023 年 5 月

目录

第1章　作物种子检验

种业是国家战略性、基础性核心产业，是现代农业发展的“生命线”。实施种业振兴，是保障国家粮食安全的基石。种子是种业发展的核心载体，是农业生产中不可替代的生产资料。种子质量直接关系到农作物产量和质量，影响农民增收和国家粮食安全。种子检验是确保农作物种子质量和品质的关键。通过对种子的净度、水分、发芽率、生活力、活力、电导率等项目进行检验，可评价其种用价值，以指导农业生产，确保农业生产安全，保障国家粮食安全。

实验1-1　种子净度检验

[实验目的]

学习和掌握作物种子净度检验技术与结果计算方法。

[实验原理]

根据不同作物种子、杂质的形状、质量和体积差异，采用一种物理分离方法。

[实验器材]

1. 实验材料

检验种子样品1份。

2. 实验器具

电动筛选机、分样器、分样板、套筛、台秤、分析天平(0.01 g)、培养皿、镊子、放大镜、小毛刷等。

[方法与步骤]

1. 试样检查

将样品倒在台秤上称重(M)，然后将样品倒在工作台上，挑出重型混杂物并用分析天平称重(m)，同时称量其中其他作物种子(m_1)和杂质(m_2)质量，两者之和等于m。

2. 试样分取

将试样混匀，然后用分样器分取试样1份(或半试样2份)，试样(半试样)分取质量见《农作物种子检验规程　扦样》(GB/T 3543.2—1995)。

3. 试样分选

选用一定孔径的套筛，套上筛底盒，倒入试样，电动筛选 2 min 进行分离，分选出每份[半]试样的净种子、其他作物种子和杂质，并称重。

4. 结果计算

(1)分别按下式计算试样(半试样)净种子、其他作物种子和杂质的百分率 P_1、OS_1、I_1 及各组分平均百分率。

$$P_1=\frac{净种子质量}{各成分质量之和}\times100\% \tag{1-1-1}$$

$$OS_1=\frac{其他作物种子质量}{各成分质量之和}\times100\% \tag{1-1-2}$$

$$I_1=\frac{杂质质量}{各成分质量之和}\times100\% \tag{1-1-3}$$

(2)最终换算结果：

$$净种子:P_2=P_1\times\frac{M-m}{M}\times100\% \tag{1-1-4}$$

$$其他作物种子:OS_2=OS_1\times\frac{M-m}{M}+\frac{m_1}{M}\times100\% \tag{1-1-5}$$

$$杂质:I_2=I_1\times\frac{M-m}{M}+\frac{m_2}{M}\times100\% \tag{1-1-6}$$

式中：M—送检样品的质量(g)；

m—重型混杂物的质量(g)；

m_1—重型混杂物中其他作物种子的质量(g)；

m_2—重型混杂物中杂质的质量(g)；

P_1—除去重型混杂物后的净种子质量百分率(%)；

I_1—除去重型混杂物后的杂质质量百分率(%)；

OS_1—除去重型混杂物后的其他植物种子质量百分率(%)；

P_2、OS_2、I_2 分别为最后的净种子、其他作物种子和杂质的百分率。

种子净度分析结果记录表(表 1-1-1)和报告单(表 1-1-2)如下。

表 1-1-1　净度分析结果记录表

重型混杂物检查：M(检验样品)=　　g；　m(重型混杂物)=　　g；　m_1=　　g；　m_2=　　g

		净种子	其他作物种子	杂质	质量合计	样品原质量	质量差值百分率
第 1 份[半]试样	质量/g						
	百分率/%						
第 1 份[半]试样	质量/g						
	百分率/%						
百分率样间差值							
平均百分率							

表 1-1-2　净度分析结果报告单

作物名称：　　　　　　　　　　　　　　学名：

成分	净种子	其他作物种子	杂质
百分率/%			
其他作物种子名称（注明学名）			
备注			

[注意事项]

净度分析的最终结果精确到 1 位小数。如果一种成分的百分率低于 0.05%，则填微量；结果为零，则应填“0”。

实验 1-2　种子水分测定

[实验目的]

学习和掌握作物种子水分测定方法。

[实验原理]

种子水分含量的高低直接影响种子的活力和寿命等，因此可通过检测种子水分含量的变化来评估其活力和寿命。

[实验器材]

1. 实验材料

水稻、小麦、大豆、蔬菜等种子。

2. 实验器具

烘箱、分析天平(0.001 g)、粉碎机、水分速测仪、样品盒、温度计、干燥器、坩埚钳、手套等。

[方法与步骤]

1. 低恒温烘干法

(1)将烘箱温度调至 110～115 ℃进行预热，之后保持在(103±2) ℃。

(2)将样品盒置于烘箱中约 1 h，取出，放入干燥器内冷却后称量，记录盒号和质量。

(3)从试样中称取 15～25 g 种子，放入粉碎机中磨碎(禾谷类种子通过 0.5 mm 孔径筛网的磨碎物应≥50%，留在 1.0 mm 孔径筛网上的磨碎物应≤10%；豆类种子经粗磨后通过 4.0 mm 孔径筛网的磨碎物应≥50%；棉花种子进行切片处理)。

(4)称取 2 份试样，每份 4.5～5.0 g，放入预先烘干的样品盒(加盖)。

(5)将样品盒盖置于盒底，迅速放入烘箱内干燥，待 5～10 min 内温度回升至(103±2) ℃时，开始计时。

(6)干燥 8 h 后，在烘箱内加盖后迅速移至干燥器内冷却至室温，30～45 min 后取出称重。

(7)结果计算

$$种子水分=\frac{试样烘前质量-试样烘后质量}{试样烘前质量}\times 100\% \tag{1-2-1}$$

2. 高恒温烘干法

(1)将烘箱温度调至 140～145 ℃。

(2)样品盒的准备、样品的磨碎、称取样品等与低恒温烘干法相同。

(3)把装有试样的样品盒盖置于盒底，迅速放入烘箱内，待 5～10 min 内温度回升至 130 ℃时，开始计时。温度保持在 130～133 ℃，烘 1 h(玉米 4 h，禾谷类 2 h)。

(4)达到规定时间后，取出样品盒(加盖)，迅速放入干燥器内冷却至室温，称重并记录。

(5)结果计算同低恒温烘干法。

3. 高水分种子预先烘干法

(1)从高水分种子(禾谷类种子水分超过 18%，豆类和油料作物种子水分超过 16%)中称取试样(25.00±0.02) g，置于 8～10 cm 的样品盒内。

(2)将烘箱温度调至(103±2) ℃，将样品放入烘箱内预烘 30 min(油料作物种子在 70 ℃预烘 1 h)。

(3)达到规定时间后取出，室内冷却后称重，计算第 1 次烘失的水分(S_1)。

(4)将预烘过的种子磨碎，称取试样 2 份，各 4.5～5.0 g。

(5)采用(103±2) ℃低恒温烘干法或 130 ℃高恒温烘干法烘干，冷却、称重，计算第 2 次烘失的水分(S_2)。

(6)结果计算

$$种子水分=S_1+S_2-\frac{S_1\times S_2}{100} \tag{1-2-2}$$

式中：S_1—第 1 次烘失的水分(%)；

S_2—第 2 次烘失的水分(%)。

4. 谷物水分测定仪法(LDS-1G)

(1)按下电源开关，仪器自检后显示品种代号。

(2)按“△”或“▽”键选择测量品种代号。

(3)将测量样品放入落料筒，至漏斗下沿口齐平待用。

(4)将落料筒放于仪器上，轻按落料开关，使样品全部落入仪器内，小数点闪动数次后显示水分值。

(5)倒出仪器内样品，准备下一次测量。

[注意事项]

若试样两次测定值的差距不超过 0.2%，则用两次测定值的算术平均数表示，否则须重测。

实验 1-3 种子发芽试验

[实验目的]

学习和掌握主要作物种子的发芽技术规定和发芽方法。

[实验原理]

作物种子发芽通常有最低、最适和最高三种温度。在低温条件下，种子遭受土壤或自身携带的病菌侵染，致使低活力种子在萌发出土过程中霉烂，正常出苗的则是活力强的种子。

[实验器材]

1. 实验材料

水稻、玉米、大豆等作物种子。

2. 实验器具

光照培养箱、发芽盒、培养皿、发芽纸、消毒沙、标签纸、铅笔、镊子等。

[方法与步骤]

1. 水稻种子发芽试验

根据水稻种子发芽技术规定[TP. BP. S(TP：纸上；BP：纸间；S：沙中)，20～30 ℃、30 ℃，第5、第14天计数]。新收获的休眠种子需预先50 ℃加热3～5 d，或用0.1 mol·L^{-1} HNO_3浸种24 h。在方形发芽盒垫入两层浸湿的发芽纸，每盒播入种子100粒(共3～4盒)，在规定温度和光照条件的培养箱中培养，于第5、第14天计数正常发芽、不正常发芽及未发芽种子数。

2. 玉米种子发芽试验

根据玉米种子发芽技术规定(BP. S，20～30 ℃、25 ℃、20 ℃，第4、第7天计数)。将适宜湿度的消毒沙装入发芽盒内(厚度2～3 cm)，插入100粒种子，覆盖1.5～2 cm湿沙，盖上盒盖后，在规定温度和光照条件的培养箱中培养，于第4、第7天计数正常、不正常幼苗及未发芽种子数。

3. 大豆种子发芽试验

根据大豆种子发芽技术规定(BP. S，20～30 ℃、20 ℃，第5、第8天计数)。采用长方形透明塑料发芽盒，沙床发芽。将沙高温消毒(130 ℃ 2 h)，筛取0.05～0.8 mm大小沙，调到适宜水分(饱和含水量80%)，装入塑料盒内，厚度2～3 cm，播入100粒种子，覆盖1.5～2.0 cm湿沙，放入25 ℃光下发芽，于第5、第8天计数正常发芽、不正常发芽及未发芽种子数。

4. 小麦种子发芽试验

根据小麦种子发芽技术规定(TP. BP. S，20 ℃，第4、第8天计数)。新收获的休眠种子应在30～35 ℃预热处理，或5～10 ℃预先冷冻处理，或采用GA_3(赤霉素)溶液润湿的发芽床。将两层发芽纸预先润湿后，平铺在发芽盒内，整齐播入100粒种子，并覆盖一层湿纸巾(重复4盒)，在规定温度和光照条件的培养箱中培养，于第4、第8天计数正常、不正常幼苗，硬实、新鲜不发芽种子和未发芽种子数。

5. 结果计算

试验结果以粒数的百分率表示。当一个试验的4次重复正常幼苗百分率都在最大容许差距内(表1-3-1),则以平均数表示发芽百分率。正常、不正常幼苗及未发芽种子百分率总和为100%。

表1-3-1　同一发芽试验4次重复间的最大容许差距

(2.5%显著水平的两尾测验)　　%

平均发芽率		最大容许差距	平均发芽率		最大容许差距
50%以上	50%以下		50%以上	50%以下	
99	2	5	87～88	13～14	13
98	3	6	84～86	15～17	14
97	4	7	81～83	18～20	15
96	5	8	78～80	21～23	16
95	6	9	73～77	24～28	17
93～94	7～8	10	67～72	29～34	18
91～92	9～10	11	56～66	35～45	19
89～90	11～12	12	51～55	46～50	20

资料来源:GB/T 3543.4—1995 农作物种子检验规程　发芽试验。

当100粒种子重复间的差距超过表1-3-1最大容许差距时,应采用同样的方法进行重新试验。如第2次结果与第1次结果一致,则以2次试验的平均数表示。如第2次结果与第1次结果不相符合(超过表1-3-2的容许差距),采用同样方法做第3次试验。

表1-3-2　同一或不同实验室对来自相同或不同送验样品间发芽试验的容许差距

(2.5%显著水平的两尾测验)　　%

平均发芽率		最大容许差距	平均发芽率		最大容许差距
50%以上	50%以下		50%以上	50%以下	
98～99	2～3	2	77～84	17～24	6
95～97	4～6	3	60～76	25～41	7
91～94	7～10	4	51～59	42～50	8
85～90	11～16	5			

资料来源:GB/T 3543.4—1995 农作物种子检验规程　发芽试验。

[注意事项]

(1)新收获的休眠种子对发芽温度的要求特别严格,建议采用《农作物种子检验规程　发芽试验》推荐的几种恒温中较低的温度或变温。

(2)变温通常应保持低温16 h、高温8 h。

实验 1-4　种子生活力测定

Ⅰ　2,3,5-氯化三苯基四氮唑染色法

[实验目的]

学习和掌握2,3,5-氯化三苯基四氮唑染色法测定种子生活力的原理和方法。

[实验原理]

有生命活力的种胚，在呼吸作用过程中发生氧化还原反应，反之种胚无此反应。2,3,5-氯化三苯基四氮唑(2,3,5-triphenyl tetrazolium chloride，TTC)能渗入种子活细胞中，并作为受氢体而被脱氢辅酶还原，由无色 TTC 变为红色的产物，死种子不能染色，部分丧失生活力的种子染色较浅。因此，可根据染色部位和染色程度来判断种子的生活力。

[实验器材]

1. 实验材料

水稻、小麦、玉米、大豆等植物种子。

2. 实验器具

恒温箱、分析天平(0.01 g)、烧杯、培养皿、刀片、镊子等。

3. 实验试剂

0.5% TTC 溶液：称取 0.5 g TTC，加少许 95%乙醇溶解，用蒸馏水定容至 100 mL，贮于棕色瓶避光保存(变红则不能再用)。

[方法与步骤]

1. 浸种

将待测种子在 30～35 ℃温水中浸种 2～8 h，使种子充分吸胀，以提高种胚呼吸强度，使显色迅速。

2. 染色

取吸胀水稻种子 100 粒(去壳)，用刀片沿种胚中心线纵切为均等的两半。将其中一半放入培养皿中，加入 0.5%TTC 溶液(以淹没种子为度)，然后置于 30 ℃恒温箱中 0.5～1 h。将另一半放在沸水中煮 5 min 以杀死种胚，然后进行同样的染色处理，作为对照。

3. 鉴定

将溶液倒出，用自来水反复冲洗种子，逐个观察胚部着色情况。胚被染成红色的是活种子，死种胚完全不染色，或染色极淡。

4. 计算

$$\text{种子生活力}=\frac{\text{胚部染色种子数(粒)}}{\text{供试种子数(粒)}}\times 100\% \qquad (1\text{-}4\text{-}1)$$

[注意事项]

(1)染色结束后应立即进行鉴定，放久会褪色。

(2)TTC 溶液宜随配随用,不宜久藏。

(3)测定种子种类不同,种子处理方法、TTC 浓度、染色时间不同,如表 1-4-1 所示。

表 1-4-1 TTC 法测定农作物种子生活力的方法

作物种类	种子准备	TTC 浓度/%	在 35 ℃下染色时间/h
水稻	去壳纵切	0.1	2～3
小麦	纵切	0.1	0.5～1
玉米	纵切	0.1	0.5～1
棉花	剥去种皮	1.0	2～3
油菜	剥去种皮	1.0	3～4
花生	剥去种皮	1.0	3～4
高粱	纵切	0.1	0.5～1
甜高粱	纵切	0.1	0.5～1
大麦	纵切	0.1	0.5～1
紫花苜蓿	不需准备	1.0	6～7
菜豆	不需准备	1.0	3～4
甜菜	剥去种皮	1.0	3～4
荞麦	剥去种皮	1.0	2～3
蓖麻	剥去种皮	1.0	2～3
三叶草	不需准备	1.0	3～4
豇豆	不需准备	1.0	3～4
亚麻	不需准备	1.0	3～4
大麻	剥去种皮	1.0	3～4
洋麻	剥去种皮	1.0	1～2
粟	纵切	0.1	约 3
燕麦	纵切	0.1	0.5～1
黑麦	纵切	0.1	0.5～1
黑麦草	纵切	0.1	2～3
红花	剥去种皮	1.0	3～4
芝麻	剥去种皮	1.0	3～4
田菁	不需准备	1.0	6～7
向日葵	剥去种皮	1.0	3～4
烟草	剥去种皮	1.0	4～6
鸭茅	横切或挑破	1.0	2～3
大豆	不需准备	1.0	3～4

资料来源:郝建军,康宗利,于洋. 植物生理学实验技术. 化学工业出版社,2007:151。

Ⅱ　溴百里酚蓝染色法

［实验目的］

学习和掌握溴百里酚蓝染色法测定种子生活力的原理和方法。

［实验原理］

有生活力的种子在呼吸代谢过程中释放 CO_2，CO_2 溶于水后变成 H_2CO_3，进一步解离成 H^+ 与 HCO_3^-，使得种胚周围环境酸度增加，可用溴百里酚蓝（bromothymol blue，BTB）来测定酸度的变化，从而快速测定种子生活力。BTB 变色范围为 pH 6.0～7.6，酸性条件下呈黄色，碱性条件下呈蓝色，变色过程中出现绿色（变色点为 pH 7.1）。

［实验器材］

1. 实验材料

同 TTC 染色法。

2. 实验器具

恒温箱、分析天平（0.000 1 g）、烧杯、培养皿、镊子、漏斗、滤纸等。

3. 实验试剂

（1）0.1% BTB 溶液：称取 0.1 g BTB，溶于 100 mL 经煮沸的蒸馏水中，过滤后将滤液贮于棕色瓶中，盖塞密封后可长期保存（若呈黄色，可加数滴稀氨水，使之变为蓝色或蓝绿色）。

（2）1% BTB 琼脂凝胶：取 100 mL 0.1% BTB 溶液至烧杯中，加入 1 g 剪碎的琼脂，小火加热并不断搅拌，待琼脂完全溶解后，趁热倒入数个培养皿中，使之成均匀薄层，冷却后备用。

［方法与步骤］

1. 浸种

同 TTC 染色法。

2. 染色

取吸胀种子 100 粒，整齐地埋入尚未完全冷却的琼脂凝胶培养皿中（种胚朝下，间距≥1 cm），加盖后置于 30～35 ℃下培养 2～4 h，在蓝色背景下观察，如果种胚附近呈现较深黄色晕圈，则是活种子，否则是死种子。另取吸胀种子 100 粒，用沸水杀死种子后进行同样的染色处理，作为对照。

3. 计算

$$\text{种子生活力}=\frac{\text{有深黄色晕圈的种子数(粒)}}{\text{供试种子数(粒)}}\times 100\% \tag{1-4-2}$$

［注意事项］

（1）配制 BTB 指示剂时，不宜用微酸性的蒸馏水，要用煮沸过的自来水配制，其为微碱性，使溶液呈蓝色或蓝绿色。

（2）对于富含脂肪酸的油料种子，不能采用 BTB 法测定种子的生活力，因为其死种子的膜结构破损，吸胀后脂肪酸外渗，能提高周围环境的酸度，也会使种子周围呈现黄色晕圈。

Ⅲ 红墨水染色法

［实验目的］

学习和掌握红墨水染色法测定种子生活力的原理和方法。

［实验原理］

有生活力的种胚细胞原生质膜具有选择透过性，染料分子不能进入细胞内，胚部不染色；死种胚细胞膜结构破损，透性增强，染料分子可自由进入细胞内使胚部染色。因此根据种胚的染色情况可快速测定种子生活力。

［实验器材］

1. 实验材料

同 TTC 染色法。

2. 实验器具

烧杯、培养皿、镊子、刀片等。

3. 实验试剂

5%红墨水溶液：取 5 mL 红墨水用蒸馏水定容至 100 mL，贮于试剂瓶中备用。

［方法与步骤］

1. 浸种

同 TTC 染色法。

2. 染色

取吸胀水稻种子 100 粒（去壳），用刀片沿种胚中心线纵切为均等的两半。将其中一半放入培养皿中，加入 5%红墨水溶液（以淹没种子为度）。将另一半放在沸水中煮 5 min 以杀死种胚，然后进行同样的染色处理，作为对照。

3. 鉴定

染色 10～15 min（温度高时可缩短时间）后，将红墨水倒出，用水冲洗至洗液无色。对比观察种胚着色情况，种胚不着色或着色很浅为具生活力种子，种胚与胚乳着色程度相同则为死种子。

4. 计算

$$种子生活力=\frac{胚部不着色种子数(粒)}{供试种子数(粒)}\times 100\% \qquad (1\text{-}4\text{-}3)$$

［注意事项］

红墨水浓度应适当，染色时间不宜太久，否则不易区分染色与否。

Ⅳ 荧光法

[实验目的]

学习和掌握荧光法测定种子生活力的原理和方法。

[实验原理]

作物种子内存在某些能够在紫外线照射下产生荧光的物质。在衰老过程中,某些作物种子的荧光颜色会随体内荧光物质结构和成分变化发生改变,可直接观察种胚荧光确定种子生活力。某些种子在衰老死亡时荧光物质性质虽然不会发生改变,但由于生活力衰退或已死亡细胞的原生质膜透性加大,浸种时种子中的荧光物质很容易外渗,可通过观察荧光物质渗出的多少来确定生活力。

[实验器材]

1. 实验材料

小麦、玉米等作物种子。

2. 实验器具

紫外线荧光灯、不产生荧光的白纸、刀片、镊子、培养皿等。

[方法与步骤]

1. 直接观察法

取100粒种子,用刀片沿胚中心线将种子纵切成两半,取一半放在不产生荧光的白纸上,使种子切面向上,在紫外线荧光灯下照射并进行观察,记录有生活力和丧失生活力的种子数量,估测发芽率。有生活力的种子产生明亮的蓝色、蓝紫色、紫色或蓝绿色荧光,死种子产生的荧光多半是黄色、褐色以至暗淡无光,并带有多数斑点。

2. 纸上荧光团法

把浸泡过的完整无损种子100粒按一定距离放在湿滤纸上(以不使种子浮动的水量为宜),加盖并在恒温条件下保持12 h。开盖并风干滤纸,放在紫外线荧光灯下照射,死种子周围有一圈明亮的荧光团,根据荧光团数目可确定死种子数目,估测发芽率。

3. 外渗荧光物质定量测定

以白菜种子为例,取样100粒称量后用蒸馏水冲洗,加40 mL蒸馏水浸泡6 h,然后,取溶液进行荧光分光光度测定,激发波为270 nm,反射波的高峰点在340 nm。可按波峰高度或面积来定量,其值与种子生活力呈负相关。

[注意事项]

(1)直接观察法应用于禾谷类、松柏类及某些蔷薇科果树种子效果较好,但种间差异大。

(2)纸上荧光团法应用于白菜、萝卜等十字花科植物种子效果较好,不适用于衰老死亡后会减弱荧光或失去荧光的种子。

实验 1-5 种子活力测定

Ⅰ 抗冷法

[实验目的]

熟悉抗冷法测定种子活力的原理和方法。

[实验原理]

低温条件下，种子遭受土壤中或自身携带的病菌侵染，致使低活力种子在萌发出土过程中霉烂，正常出苗的则是活力强的种子。

[实验器材]

1. 实验材料

玉米、大豆、豌豆等作物种子。

2. 实验器具

恒温箱、分析天平(0.01 g)、塑料盒(7 cm×10 cm×4 cm 或 30 cm×40 cm×20 cm)等。

[方法与步骤]

(1)将土壤与河沙等比例混合均匀，定量装入塑料盒中，铺平压实。

(2)将待测种子直接播在塑料盒中(定量、定距离)，轻压使种子略陷入土壤中，然后加定量的覆盖土，铺平压紧，再浇上适量的水分。加盖后在 5～10 ℃及 95%相对湿度条件下放置 7 d。对照组为 25 ℃及 95%相对湿度条件。

(3)取出种子，将其原封不动地转入 20～30 ℃条件下促其出苗，经 1～2 周后统计出苗率，并与对照组相比。按出苗率和幼苗高度判断种子活力水平。低温条件下，出苗率高、长势旺的种子为优。

[注意事项]

(1)为避免病菌相互传染，播种籽粒之间应保持一定间隔。

(2)试验时应注意种子大小、结构及温度适应性等种子自身特性。

Ⅱ 发芽速率法

[实验目的]

学习通过测定发芽速率判断种子活力。

[实验原理]

采用标准发芽试验，每日记录正常发芽种子数，计算初期发芽率、发芽日数、发芽指数、活力指数等指标，进而判断种子活力。

［实验器材］

1. 实验材料

玉米、小麦、大豆等作物种子。

2. 实验器具

培养箱、分析天平(0.01 g)、培养皿、发芽纸、烧杯、镊子等。

［方法与步骤］

1. 初期发芽率

玉米、小麦、大豆等作物种子可计算 3 d 发芽率、发芽势或初次发芽率。

2. 发芽日数

通过计数发芽达 90%(或 50%)所需日数判断种子活力大小,后者适用于发芽率较低的种子。

3. 发芽指数

$$\text{发芽指数}(GI)=\sum \frac{Gt}{Dt} \tag{1-5-1}$$

式中:Gt—不同天数的发芽数;

Dt—发芽日数;

$\sum$—总和。

4. 活力指数

$$\text{活力指数}(VI)=GI\times S \tag{1-5-2}$$

式中:S —一定时期内幼苗长度(cm)或幼苗质量(g);

GI —发芽指数。

［注意事项］

(1)为避免病菌相互传染,播种籽粒之间需保持一定间隔。

(2)应注意种子大小、结构及温度适应性等种子自身特性。

Ⅲ 加速老化法

［实验目的］

学习通过加速老化测定种子活力。

［实验原理］

加速老化试验是根据高温(40～45 ℃)和高湿(100%相对湿度)条件能导致种子快速劣变这一原理进行测定的。高活力种子能忍受逆境条件处理,劣变较慢;而低活力种子劣变较快,长成较多不正常幼苗或完全死亡。

[实验器材]

1. 实验材料

玉米、大豆等作物种子。

2. 实验器具

烘箱、老化箱、种子发芽箱、分析天平(0.001 g)、刻度容量杯、网架等。

[方法与步骤]

(1)准备老化内箱。在老化内箱加入 40 mL 蒸馏水,然后放入网架,确保水不会渗到网架和后加的种子上。

(2)称重。以大豆为例,称取 42 g 大豆净种子(≥200 粒),然后放在网架上,摊成一层,同时称取对照样品。

(3)准备老化外箱。将内箱排成一排放在架上,同时放入外箱内。相邻两个内箱之间间隔约为 2.5 cm,以保证温度均匀一致。记录内箱放入外箱的时间,准确监控老化外箱的温度在表 1-5-1 的范围和时间内。

表 1-5-1 不同作物种子加速老化条件

作物名称	内箱		外箱		老化后种子水分含量/%
	种子重量/g	数目/箱	老化温度/℃	老化时间/h	
大豆	42.0	1	41	72	27～30
苜蓿	3.5	1	41	72	40～44
菜豆(干)	42.0	1	41	72	28～30
油菜	1.0	1	41	72	39～44
玉米(大田)	40.0	2	45	72	26～29
玉米(甜)	24.0	1	41	72	31～35
绿豆	40.0	1	45	72	27～32
高粱	15.0	1	43	72	28～30
烟草	0.2	1	43	72	40～50
番茄	1.0	1	41	72	44～46
小麦	20.0	1	41	72	28～30

资料来源:农业部全国农作物种子质量监督检验测试中心.农作物种子检验员考核学习读本.中国工商出版社,2006。

(4)检查老化后对照样品的水分。老化结束后,从内箱取出对照样品的一个小样品(10～20 粒),立即称重,用烘箱法测定种子水分,如果种子水分低于或高于表 1-5-1 所规定的值,则测试结果不正确,应重做试验。

(5)发芽试验。经 72 h±15 min 老化后,取出内箱并记录时间。在取出后 1 h 内,随机挑选 50 粒进行标准发芽试验(参见实验 1-3),重复 4 次。

(6)结果计算。4 个重复发芽率的平均值为人工老化测定值。将两个 50 粒的重复并为一个重复,对比两个 100 粒重复种子发芽率,如果其差异超过规定的最大容许差距,则应重做试验。

[注意事项]

老化期间不能打开老化箱外箱门,否则应从箱中取出种子重新测定。

实验 1-6 种子电导率测定

[实验目的]

了解种子电导率测定的原理和方法。

[实验原理]

高活力种子细胞膜完整性好,浸入水中后渗出的可溶性物质或电解质少,浸泡液的电导率低。电导率与田间出苗率呈显著的负相关,可根据电导率高低判别种子活力。

[实验器材]

1. 实验材料

水稻、豌豆等作物种子。

2. 实验器具

电导率仪、分析天平(0.001 g)、烧杯、铝箔等。

3. 实验试剂

0.01 mol·L^{-1} KCl 标定液:称量 0.745 g KCl(150 ℃干燥 1 h,称重前在干燥器中冷却),溶入 1 L 去离子水中。

[方法与步骤]

1. 实验准备

(1)校正电极。在使用电导率仪前应定期使用标定液对其电极进行校正。在 20 ℃时标定液的电导率仪读数应为 1 273～1 278 μS·cm^{-1}。

(2)仪器清洁度检查。每次测定时应随机从 10 个使用的烧杯中选取两个,加入 250 mL 已知电导率的去离子水或蒸馏水,在(20±2) ℃条件下测定其电导率。若所测电导率超过已知水样的电导率(去离子水的电导率应不超过 2 μS·cm^{-1},蒸馏水的电导率应不超过 5 μS·cm^{-1}),表明烧杯可能残留杂质或其他化学物质,或电极使用后未清洗干净。应使用去离子水或蒸馏水重新洗涤烧杯或电极,并重复该步骤,直至读数无差异。

(3)确定种子水分。若待测种子批水分含量未知,应采用烘干法调节水分。对水分含量低于 10%或高于 14%的种子批,应在测定电导率前将其水分含量调至 10%～14%。

(4)准备烧杯。分别量取(250±5) mL 蒸馏水,倒入 4 个 500 mL 烧杯中,并用铝箔或薄膜盖好,以防止污染。浸种前,应先在(20±2) ℃条件下平衡 18～24 h。每次测定准备两个只含去离子水或蒸馏水的对照烧杯,以便控制水的质量。

2. 电导率测定

(1)随机数取50粒豌豆种子作为1个重复，共4个重复，每个重复称重精确至0.01 g。

(2)将已称重试样放入盛有250 mL蒸馏水的烧杯中，轻轻摇晃确保所有种子完全浸没，并用铝箔或薄膜盖好，在(20±2) ℃条件下放置24 h。

(3)测定前先启动电导率仪预热15 min以上。测定对照烧杯溶液的电导率，若第1个烧杯中溶液电导率超过5 $\mu S \cdot cm^{-1}$，则应清洗电极，再测定第2个烧杯，若其低于5 $\mu S \cdot cm^{-1}$，则以该电导率值作为对照电导率。若两测定值均低于5 $\mu S \cdot cm^{-1}$，则以两次平均值作为对照电导率。

(4)浸种24 h±15 min后，立即测定溶液电导率；盛有种子的烧杯应轻微摇晃10～15 s，无须过滤，可直接测定其电导率。

3. 结果计算

$$\text{种子电导率}(\mu S \cdot cm^{-1} \cdot g^{-1}) = \frac{\text{每烧杯电导率}-\text{对照溶液电导率}}{\text{种子样品的质量}} \tag{1-6-1}$$

种子电导率为4个重复均值，重复间容许差距应小于5 $\mu S \cdot cm^{-1} \cdot g^{-1}$，如超过，应重做4次重复。

[注意事项]

(1)同一时间内测定的烧杯溶液数量不能超过10～12个，一批测定一般不超过15 min。

(2)每测定一次用去离子水或蒸馏水冲洗电极两次，用滤纸吸干，再测定下一个试样。

(3)不同纯度的商用杀菌剂中含有的某些添加剂会严重改变电导率结果。

参考文献

国家技术监督局．农作物种子检验规程　发芽试验：GB/T 3543.4—1995.

国家技术监督局．农作物种子检验规程　其他项目检验：GB/T 3543.7—1995.

郝建军，康宗利，于洋，2007. 植物生理学实验技术．北京：化学工业出版社．

胡晋，关亚静，2022. 种子检验学．2版．北京：科学出版社．

胡晋，王建成，2016. 种子检验技术．北京：中国农业大学出版社．

刘海英，2012. 玉米种子活力相关性状的QTL定位及遗传效应分析：硕士论文．郑州：河南农业大学．

汤绍虎，罗充，2012. 植物生理学实验教程．重庆：西南师范大学出版社．

许怀丽，2006. 气固两相体放电及其应用研究：硕士论文．武汉：华中科技大学．

杨念福，2012. 种子检验技术．北京：中国农业大学出版社．

张志良，瞿小菁，李小方，2009. 植物生理学实验指导．4版．北京：高等教育出版社．

农业部全国农作物种子质量监督检验测试中心，2006. 农作物种子检验员考核学习读本．北京：中国工商出版社．

第2章 作物营养元素检测

作物产量和品质主要受遗传因素决定，同时受营养物质和水分供应的影响。作物生长必需的营养元素包含大量元素（碳、氢、氧、氮、磷、钾）、中量元素（钙、镁、硫）和微量元素（铁、锌、铜、锰、钼、硼、氯）共16种必需营养元素。掌握作物营养供应与产品品质和产量的形成规律，适量减少化肥投入和实施科学的作物养分管理，更加精准、可控地调节作物产量和品质，可以达到提质增效的效果，促进绿色、循环、低碳农业发展，实现农业可持续发展和美丽中国建设。

实验2-1 土壤有机质含量检测

［实验目的］

了解土壤有机质测定原理，初步掌握测定有机质含量的方法。

［实验原理］

试样采用消化炉加热消解，用过量的 $K_2Cr_2O_7$-H_2SO_4 溶液氧化土壤有机碳，多余的 $K_2Cr_2O_7$ 用 $FeSO_4$ 标准溶液滴定，由消耗的 $K_2Cr_2O_7$ 量按氧化校正系数（本方法只能氧化90%有机碳，需将测得的有机碳乘以校正系数1.1）计算出有机碳量，再乘以常数1.724（按土壤有机质平均含碳58%计算），即为土壤有机质含量。本方法适用含量低于150 $g \cdot kg^{-1}$ 土壤有机质的测定。

反应式如下：

$$2K_2Cr_2O_7 + 8H_2SO_4 + 3C \longrightarrow 2K_2SO_4 + 2Cr_2(SO_4)_3 + 3CO_2 + 8H_2O$$

$$K_2Cr_2O_7 + 6FeSO_4 + 7H_2SO_4 \longrightarrow K_2SO_4 + Cr_2(SO_4)_3 + 3Fe_2(SO_4)_3 + 7H_2O$$

［实验器材］

1. 实验材料

土壤试样。

2. 实验器具

消化炉、分析天平（0.000 1 g）、消化管、三角瓶等。

3. 实验试剂

(1)0.4 mol·L^{-1} $K_2Cr_2O_7$-H_2SO_4 溶液:称取 40.0 g $K_2Cr_2O_7$ 溶于 600～800 mL 蒸馏水中,过滤至 1 L 量筒内,洗涤滤纸,合并洗涤液并加蒸馏水至 1 L,然后转至 3 L 烧杯中,将烧杯置于冷水中。另取 1 L 98% H_2SO_4,缓慢倒入 $K_2Cr_2O_7$ 水溶液中,不断搅动(每加 100 mL H_2SO_4 可暂缓,待温度降至不烫手时再添加),直到全部加完。

(2)0.1 mol·L^{-1} $FeSO_4$ 标准溶液:称取 28.0 g $FeSO_4$ 或 40.0 g $Fe(NH_4)_2\cdot(SO_4)_2\cdot 6H_2O$ 溶于 600～800 mL 蒸馏水中,加 20 mL 浓 H_2SO_4,搅拌均匀,静置片刻后过滤至 1 L 容量瓶中,洗涤滤纸,合并洗涤液并加蒸馏水定容至 1 L。(现配现用)

(3)邻菲罗啉指示剂:称取 1.485 g $C_{12}H_8N_2$ 溶于 100 mL $FeSO_4$ 溶液中(含 0.695 g $FeSO_4\cdot 7H_2O$),贮于棕色瓶中备用。

[方法与步骤]

1. 样品提取

称取过 0.25 mm 筛孔的风干土样 0.05～0.5 g 至消化管中,加入 10 mL 0.4 mol·L^{-1} $K_2Cr_2O_7$-H_2SO_4 溶液,轻摇消化管使土样分散,放入消化炉中,于 170～180 ℃消煮(5 ±0.5) min(溶液沸腾时开始计时),消煮结束后取出冷却 30 min。

2. 样品测定

将消解液及土壤残渣洗涤并无损转入 250 mL 三角瓶中,使溶液总体积为 50～60 mL。加入邻菲罗啉指示剂 3 滴,用 0.1 mol·L^{-1} $FeSO_4$ 标准溶液滴定,溶液颜色由橙黄→蓝绿→棕红,即达终点。取 0.2 g 灼烧过的浮石粉(或石英砂)代替土样做空白试验,其他步骤与土样测定相同。

3. 结果计算

$$\text{有机质含量}(g\cdot kg^{-1})=\frac{c\times(V_0-V)\times 0.003\times 1.724\times 1.10}{m}\times 10^3 \qquad (2\text{-}1\text{-}1)$$

式中:c—$FeSO_4$ 溶液的浓度(mol·L^{-1});

V_0—空白试验所消耗 $FeSO_4$ 溶液的体积(mL);

V—土样测定时消耗 $FeSO_4$ 溶液的体积(mL);

m—烘干土样的质量(g);

0.003—1/4 碳原子的毫摩尔质量(g·$mmoL^{-1}$);

1.724—由有机碳换算成有机质的系数;

1.1—氧化校正系数;

10^3—换算成每千克含量。

[注意事项]

(1)样品量应视土壤有机质含量而定(表 2-1-1),消煮好的溶液应为橙黄色或黄中稍带绿色。若以绿色为主,说明 $K_2Cr_2O_7$ 不足,应减少称样量,重新消煮。

(2)$FeSO_4$ 标准溶液易被空气氧化,从而导致浓度下降,应现配现用,否则每次使用时需对其浓度进行标定。

(3)滴定消耗 $FeSO_4$ 溶液用量小于空白试验消耗 $FeSO_4$ 溶液用量的1/3时，可能氧化不完全，应减少土壤称样量，重新测定。

表 2-1-1 不同土壤有机质含量的称样量

有机质含量/($g \cdot kg^{-1}$)	<20	20~70	70~100	100~150
土样质量/g	0.4~0.5	0.2~0.3	0.1	0.05

资料来源：NY/T 85—1988 土壤有机质测定法。

实验 2-2 氮、磷、钾全量测定

Ⅰ 全氮含量测定——凯氏定氮法

[实验目的]

掌握 H_2SO_4-$HClO_4$(或 H_2SO_4-H_2O_2)消煮法测定植物全氮含量的方法及凯氏定氮仪操作方法。

[实验原理]

作物组织含氮化合物与 H_2SO_4 一起加热消化，有机氮转变成无机铵盐，经过碱化蒸馏转化为氨，被过量 H_3BO_3 吸收，最后以甲基红、溴甲酚绿作指示剂，使用标准 HCl 溶液滴定，滴定消耗的标准 HCl 摩尔质量即为 NH_3 的摩尔质量，通过计算得出样品含氮量。消化过程可加入 $CuSO_4$、K_2SO_4、H_2O_2 或 $HClO_4$ 加速有机物质分解。反应如下：

$$(NH_4)_2SO_4 + 2NaOH = 2NH_3 + 2H_2O + Na_2SO_4$$

$$2NH_3 + 4H_3BO_3 = (NH_4)_2B_4O_7 + 5H_2O$$

$$(NH_4)_2B_4O_7 + 2HCl + 5H_2O = 2NH_4Cl + 4H_3BO_3$$

[实验器材]

1. 实验材料

待测作物植株。

2. 实验器具

凯氏定氮仪、分析天平(0.000 1 g)、100目筛、消化管、移液管、容量瓶、烧杯等。

3. 实验试剂

(1)H_2SO_4、$HClO_4$(或30% H_2O_2)。

(2)0.1 $mol \cdot L^{-1}$ HCl标准溶液：量取8.3 mL HCl，用蒸馏水稀释，定容至1 000 mL。

(3)40% NaOH溶液：称取400 g NaOH于玻璃烧杯中，加入500 mL无 CO_2 蒸馏水溶解，冷却后，用无 CO_2 蒸馏水定容至1 000 mL，贮于塑料瓶中备用(贮存期间避免与 CO_2 接触)。

(4)混合指示剂：称取0.099 g溴甲酚绿和0.066 g甲基红，溶于100 mL 95%乙醇中。

(5)H_3BO_3-混合指示剂：称取20 g H_3BO_3 于950 mL热蒸馏水中，冷却后，加入20 mL

混合指示剂，充分混匀后，小心滴加 0.1 mol・L^{-1} NaOH 溶液，直至溶液呈红紫色（pH≈4.5），最后加蒸馏水定容至 1 000 mL，将溶液充分混匀后，贮于塑料瓶中备用。若滴定时酸的浓度大于 0.01 mol・L^{-1}，也可用另一 H_3BO_3-混合指示剂溶液[即取 20 g H_3BO_3 加 950 mL 蒸馏水，稍稍加热溶解，冷却后，加入 5 mL 混合指示剂（0.5 g 溴甲酚绿和 0.1 g 甲基红溶于 100 mL 95%乙醇）]，以 0.1 mol・L^{-1} NaOH 或 0.1 mol・L^{-1} HCl 调节溶液至紫红色（pH 4.5），然后加蒸馏水定容至 1 000 mL，充分摇匀，贮于塑料瓶中备用。

[方法与步骤]

1. 样品消化

称取风干后并过 100 目筛的样品粉末 0.200 0 g，装入 100 mL 消化管，加 5 mL H_2SO_4 并摇匀，放置约 30 min，然后加入 3 滴 $HClO_4$，在消化炉上消煮 20 min，将消化管取出，冷却后再加 2 滴 $HClO_4$，摇匀后再消煮 20 min，消煮至样品呈白色或灰白色，消化液呈透明无色或淡蓝色为止。若样品液体仍未完全褪色，可取下消化管，冷却后再补加 1～2 滴 $HClO_4$，继续消煮。消煮完毕后，冷却，将消化液稀释后过滤转入 100 mL 容量瓶，用蒸馏水多次洗涤消化管，逐次过滤转入容量瓶，用蒸馏水定容至 100 mL，然后转移至塑料瓶中备用（H_2SO_4-$HClO_4$ 法消化后的澄清液）。空白管除不加样品外，其他步骤同上。

2. 样品测定

吸取 10 mL 备用消化液至 100 mL 消化管中，利用福斯 Kjeltec™ 2300 全自动凯氏定氮仪测定全氮含量（%），通过稀释倍数换算可得植物样品全氮含量（%）。

[注意事项]

(1)土壤含氮量低于 0.1%，土样研细过 100 目筛，称土样 1.0 g；含氮量高于 0.1%，称土样 0.5～1.0 g；含氮量高于 0.2%，称土样小于 0.5 g，称量前须充分混匀。

(2)样品应放入消化管底部，以免样品黏附在管颈或管壁上，导致消化不完全，使测定结果偏低。

(3)消化过程中保持轻微沸腾，以免黏附在管壁的蛋白质因无硫酸存在不能被彻底消化。

(4)滴加 $HClO_4$ 用量应视消化液颜色深浅而定，切记不可过量，以免反应剧烈引起喷溅造成氮的损失。

Ⅱ　全磷含量测定——钼锑抗比色法

[实验目的]

掌握植物全磷含量的测定方法。

[实验原理]

在高温条件下，土壤中含磷矿物及有机磷化合物在硫酸和强氧化剂 $HClO_4$ 作用下完全分解，转化为正磷酸盐；在酸性条件下，正磷酸根和钼酸铵反应生成磷钼杂多酸络合物[$H_3P(Mo_3O_{10})_4$]；在锑剂存在下，用抗坏血酸将其还原生成蓝色的络合物再进行比色测定。

[实验器材]

1. 实验材料

待测作物植株。

2. 实验器具

分光光度计、分析天平(0.000 1 g)、移液管、容量瓶、烧杯等。

3. 实验试剂

(1)2,4-二硝基酚指示剂:称取 0.25 g $HOC_6H_3(NO_2)_2$,加蒸馏水溶解后,定容至 100 mL。

(2)4 mol·L^{-1} Na_2CO_3 溶液:称取 42.4 g Na_2CO_3,加蒸馏水溶解后,定容至 100 mL。

(3)0.5% 酒石酸氧锑钾溶液:称取 0.5 g $C_8H_4K_2O_{12}Sb_2$ 加蒸馏水溶解后,定容至 100 mL。

(4)钼锑贮存液:量取 153 mL H_2SO_4,缓缓倒入约 400 mL 蒸馏水中,不断搅拌并放置冷却。另称 10 g $(NH_4)_4MoO_4$ 溶于 300 mL 60 ℃蒸馏水中并冷却。将 H_2SO_4 溶液缓缓倒入 $(NH_4)_4MoO_4$ 溶液中,不断搅拌,随后加入 100 mL 0.5% $C_8H_4K_2O_{12}Sb_2$ 溶液,用蒸馏水定容至 1 000 mL,充分摇匀,避光贮存。

(5)钼锑抗显色剂:称取 1.50 g 左旋抗坏血酸溶于 100 mL 钼锑贮存液中,充分摇匀。(现配现用,有效期 24 h)

(6) 磷标准溶液:称取 0.219 5 g 经 105 ℃烘干的 KH_2PO_4 溶于 400 mL 蒸馏水中,加入 5 mL H_2SO_4,转移至 1 000 mL 容量瓶中,加蒸馏水定容至刻度,即为 50 mg·L^{-1} 磷标准溶液。吸取该标准溶液 25 mL,稀释至 250 mL,即为 5 mg·L^{-1} 磷标准溶液。

[方法与步骤]

1. 样品消化

参见实验 2-2 中Ⅰ全氮含量测定——凯氏定氮法“样品消化”步骤。

2. 标准曲线绘制

分别吸取 5 mg·L^{-1}磷标准溶液 0、0.5、1.0、2.0、3.0、4.0、5.0 mL 至 25 mL 容量瓶中,加蒸馏水稀释至约 10 mL,再加空白试验定容后的消化液 2.5 mL。调节溶液的 pH 至 3,然后加钼锑抗试剂 2.5 mL,用蒸馏水定容至 25 mL,摇匀。各瓶比色液磷浓度分别为 0、0.1、0.2、0.3、0.4、0.6、0.8、1.0 mg·L^{-1}。30 min 后在分光光度计 700 nm 处比色,读取吸光度值。以磷浓度为横坐标,吸光度值为纵坐标,绘制标准曲线。

3. 样品测定

吸取待测液 5 mL 至 25 mL 容量瓶中,用蒸馏水稀释至 15 mL 左右,加 2,4-二硝基酚指示剂 2 滴,滴加 4 mol·L^{-1} Na_2CO_3 直至溶液转为微黄色,然后加钼锑抗试剂 2.5 mL,用蒸馏水定容至 25 mL,摇匀,在室温高于 15 ℃下静止 30 min 后,在分光光度计 700 nm 处比色。以空白试验溶液为参比调零,读取吸光度值。

4. 结果计算

$$\omega(P)=\frac{\rho\times V\times ts\times10^{-6}}{m}\times100\% \tag{2-2-1}$$

式中:ω(P)—土壤全磷质量分数(%);

ρ—从标准曲线上查得显色液中磷的质量浓度($mg \cdot L^{-1}$);
V—显色液体积(mL);
ts—分取倍数,原待测液总体积与吸取的待测液体积之比;
10^{-6}—将 mg 换算成 g 及将 mL 换算成 L 的系数;
m—烘干土壤质量(g)。

[注意事项]

(1)滴加 Na_2CO_3 至溶液刚好转为微黄色即可,边滴边轻轻摇匀,以便充分混合并显色。显色不完全或不显色,均会影响测定结果。

(2)显色时间不宜过长,以免蓝色褪去,导致实验失败。

(3)钼锑抗比色法要求显色温度为 15～60 ℃,如果室温低于 15 ℃,可将其放置于 30～40 ℃烘箱中保温 30 min,冷却后比色。

Ⅲ　全钾含量测定——火焰光度法

[实验目的]

掌握植物全钾含量的测定方法及原子吸收分光光度计的操作方法。

[实验原理]

含钾溶液雾化后与可燃气体混合燃烧,其钾离子(基态)接受能量后,外层电子发生能级跃迁,呈激发态,由激发态变成基态过程中发射出特定波长的光线(称特征谱线)。单色器或滤光片将其分离出来,并通过光电检测器测出其数值。该数值与火焰中含有的钾离子数量成比例关系,据此可计算出钾的含量。

[实验器材]

1. 实验材料

待测植物样品。

2. 实验器具

岛津 AA-6300 原子吸收分光光度计、移液器、容量瓶、塑料瓶、样品管、烧杯等。

3. 实验试剂

100 $mg \cdot L^{-1}$ 钾标准溶液。

[方法与步骤]

1. 样品消化

参见实验 2-2 中Ⅰ全氮含量测定——凯氏定氮法“样品消化”步骤。

2. 标准曲线绘制

以 100 $mg \cdot L^{-1}$ 钾标准溶液配制 0、5、10、20、30、50、70 $mg \cdot L^{-1}$ 系列浓度钾标准使用液各 250 mL,贮于塑料瓶中备用。吸取上述已知浓度的钾标准使用液 10 mL,用岛津 AA-6300 原子吸收分光光度计上机制作标准曲线。

3. 样品测定

吸取 2 mL 待测液至 10 mL 样品管中，然后加 8 mL 蒸馏水，摇匀，10 min 后用 AA-6300 原子吸收分光光度计进行测定。

4. 结果计算

$$\omega(\mathrm{K})=\frac{\rho\times V\times ts\times 10^{-6}}{m}\times 100\% \tag{2-2-2}$$

式中：$\omega(\mathrm{K})$—钾的质量分数(%)；

ρ—仪器直接测定所得待测液的钾的质量浓度($\mathrm{mg\cdot L^{-1}}$)；

V—测定液定容体积(mL)；

ts—分取倍数，原待测液总体积与吸取的待测液体积之比；

m—样品质量(g)；

10^{-6}—将 mg 换算成 g 及将 mL 换算成 L 的系数。

[注意事项]

(1)严格按照原子吸收分光光度计操作手册操作，熟悉易燃易爆气体相关实验规定及注意事项，熟练操作仪器。

(2)原子吸收分光光度计点火前，应再次核实燃气和助燃气压力是否正常。

实验 2-3　钙、镁、硫全量测定

Ⅰ　钙、镁全量测定

[实验目的]

学习和掌握作物组织中钙、镁全量测定的原理及方法。

[实验原理]

采用 HNO_3-$HClO_4$ 消煮植物样品，有机物在强酸条件下很快被氧化分解成可溶性化合物，Ca、Mg、P 及其他微量元素转化为离子态，可采用原子吸收分光光度计进行测定。

[实验器材]

1. 实验材料

水稻等作物植株。

2. 实验器具

原子吸收分光光度计、消化炉、分析天平(0.000 1 g)、移液器、电热板、三角瓶、漏斗、移液管、容量瓶等。

3. 实验试剂

(1)HNO_3、60% $HClO_4$。

(2)HCl 溶液(1∶1)：将 HCl 与蒸馏水按 1∶1 体积比混合。

(3)1 moL·L^{-1} HCl 溶液：量取 8.3 mL HCl，用蒸馏水稀释至 100 mL。

(4)6 moL·L^{-1} HCl 溶液：量取 49.8 mL HCl，用蒸馏水稀释至 100 mL。

(5)1 000 mg·L^{-1} 钙标准液：称取 2.497 g $CaCO_3$（分析纯，在 110 ℃烘 4 h）溶于少量 1 moL·L^{-1} HCl 溶液中，煮沸除尽 CO_2，用蒸馏水洗入 1 000 mL 容量瓶中后定容，或直接购买钙标准液。

(6)1 000 mg·L^{-1} 镁标准液：称取 1.000 0 g 金属镁溶于少量 6 moL·L^{-1} HCl 溶液中，用蒸馏水洗入 1 000 mL 容量瓶中后定容，或直接购买镁标准液。

(7)50 g·L^{-1} 镧溶液：称取 13.40 g $LaCl_3 \cdot 7H_2O$，加蒸馏水溶解，定容至 100 mL。

[方法与步骤]

1. 样品消化

称取烘干磨细的植物样品 0.50 g 于 150 mL 三角瓶中，加入 5 mL 浓 HNO_3 充分浸泡，然后加入 1.5 mL 60% $HClO_4$，瓶口盖小漏斗，在电热板上加热至 HNO_3 蒸干；如发生碳化，冷却后再加入 5 mL HNO_3 继续加热蒸发，直至冒白烟为止；待冷却后加入 2 mL HCl 溶液(1∶1)，溶解后转入 25 mL 容量瓶，加水定容待测。

2. 样品测定

吸取待测液 1.0～2.5 mL（含钙 0.1～0.5 mg）于 25 mL 容量瓶中，加入镧溶液 l mL 以控制硅、铝或磷酸盐的干扰，用蒸馏水定容后即可用原子吸收分光光度计测定钙和镁含量。

3. 标准曲线制作

首先把 1 000 mg·L^{-1} 钙标准液稀释 10 倍，把 1 000 mg·L^{-1} 镁标准液稀释 100 倍，然后吸取 100 mg·L^{-1} 钙标准液 0、0.5、1.0、1.5、2.0、2.5 mL 和 10 mg·L^{-1} 镁标准液 0、0.5、1.0、1.5、2.0、2.5 mL。将上述同体积钙、镁标准溶液置于同一个 25 mL 容量瓶中，配成钙-镁混合标准系列溶液，加入 HCl 溶液，再加入镧溶液 1 mL，用蒸馏水定容，得到 0、2.0、4.0、6.0、8.0、10 mg·L^{-1} 钙和 0、0.2、0.4、0.6、0.8、1.0 mg·L^{-1} 镁混合标准系列溶液。

4. 结果计算

$$\omega(\mathrm{Ca})\text{或}\,\omega(\mathrm{Mg})=\frac{\rho\times V\times ts\times 10^{-6}}{m}\times 100\% \qquad (2\text{-}3\text{-}1)$$

式中：$\omega(\mathrm{Ca})$或 $\omega(\mathrm{Mg})$—烘干植物样品中全钙（镁）的质量分数（%）；

ρ—根据标准曲线测得的待测液中钙（镁）的质量浓度（mg·L^{-1}）；

V—测定时待测液体积（mL）；

ts—分取倍数，原待测液总体积与吸取的待测液体积之比；

m—样品质量(g)；

10^{-6}—将 mg 换算成 g 及将 mL 换算成 L 的系数。

[注意事项]

(1)样品中金属元素含量超出标准液浓度范围时，应适当稀释样品液或提高绘制标准曲线的标准液浓度。

(2)样品消化的同时做空白试验，测定标准曲线的工作条件与测定样品时完全相同。

Ⅱ 全硫含量测定

［实验目的］

学习和掌握作物组织中全硫含量的测定原理及方法。

［实验原理］

采用 HNO_3-$HClO_4$ 消煮法消煮植物样品，先以浓 HNO_3 在常温下长时间（过夜）消化植物样品，然后增温至 150 ℃继续消煮 1 h，之后加 $HClO_4$，再消煮 2 h，使样品充分分解。有机硫被氧化成 SO_4^{2-} 存在于溶液中，加入细 $BaCl_2$ 晶粒后产生 $BaSO_4$ 沉淀，于 440 nm 处用分光光度计进行比浊，可测定溶液中硫的含量。

［实验器材］

1. 实验材料

水稻等作物植株。

2. 实验器具

消化炉、分光光度计、分析天平（0.000 1 g）、移液器、消化管、容量瓶、烧杯、漏斗等。

3. 实验试剂

（1）HNO_3、60% $HClO_4$、HCl。

（2）缓冲盐溶液：称取 40 g $MgCl_2 \cdot 6H_2O$、4.1 g NaOAc 和 0.83 g KNO_3，量取 28 mL 95%乙醇，用蒸馏水溶解后定容至 1 L。

（3）$BaCl_2$ 晶粒：筛取 0.25～0.5 mm 大小的晶粒。

（4）50 $mg \cdot L^{-1}$ 硫标准溶液：称取 0.217 8 g K_2SO_4 于烧杯中，加蒸馏水溶解并定容至 1 L。

［方法与步骤］

1. 样品消化

称取过 0.5 mm 筛的植物样品 0.3～0.4 g 于消煮管中，加入 2 颗玻璃珠和 3 mL 浓 HNO_3，管口加盖小漏斗，放置过夜。然后放入 150 ℃消化炉中消煮 1 h，通过小漏斗加入 2 mL $HClO_4$，慢慢加热至 235 ℃继续消煮 2 h。移去漏斗，加入 1 mL HCl，在 150 ℃下加热 20 min。取下消化管，冷却后加入 35 mL 蒸馏水和 10 mL 缓冲盐溶液，定容至 50 mL。同时做空白试验。

2. 样品测定

将待测液过滤至 150 mL 烧杯中，加 0.3 g $BaCl_2$ 晶粒，于电磁搅拌器上搅拌 1 min，取下静置 1 min，用分光光度计在波长 440 nm 下测定吸光度。

3. 标准曲线制作

分别吸取 50 $mg \cdot L^{-1}$ 硫标准溶液 0、2.0、4.0、8.0、12.0、16.0、20.0 mL 于 50 mL 容量瓶中，稀释至 30 mL，加入 10 mL 缓冲盐溶液和 2 mL 20% HCl 溶液，定容至 50 mL，转入烧杯中，加 0.3 g $BaCl_2$ 晶粒，于电磁搅拌器上搅拌 1 min，同上法比浊（测定吸光度），绘制标准曲线。

4. 结果计算

$$\omega(S)=\frac{\rho\times V\times ts\times 10^{-6}}{m}\times 100\% \tag{2-3-2}$$

式中：ω(S)—烘干植物样品中全硫的质量分数(%)；

ρ—根据标准曲线测得的待测液中硫的质量浓度($mg\cdot L^{-1}$)；

V—比浊液体积(mL)；

ts—分取倍数，原待测液总体积和吸取的待测液体积之比；

m—样品质量(g)；

10^{-6}—将 mg 换算成 g 及将 mL 换算成 L 的系数。

［注意事项］

同实验 2-3 Ⅰ 中“注意事项”。

实验 2-4　锰、铁、铜、锌含量测定

［实验目的］

学习和掌握作物组织中微量元素的测定原理及方法。

［实验原理］

植物样品经干灰化分解或经 HNO_3-$HClO_4$ 消煮后，通过稀 HCl(或 HNO_3)低温加热提取，随着 HNO_3 温度提高，灰分中各种金属元素会逐渐溶解，同时可将样品中各种金属元素提取出来。根据测定金属元素选用相应的空心阴极灯，利用原子吸收分光光度计即可测出样品中锰、铁、铜、锌等金属元素浓度。

［实验器材］

1. 实验材料

水稻等作物植株。

2. 实验器具

同实验 2-3 Ⅰ 所用实验器具。

3. 实验试剂

(1)10 $mg\cdot L^{-1}$ 锰标准液：称取 0.247 9 g $MnSO_4$(先将 $MnSO_4\cdot 7H_2O$ 置于 150 ℃下烘干，再移入高温电炉中于 400 ℃灼烧 6 h)，溶于适量蒸馏水中，加入 1 mL H_2SO_4，用蒸馏水定容至 1 L，得 100 $mg\cdot L^{-1}$ 锰贮备液；用蒸馏水稀释 10 倍，得 10 $mg\cdot L^{-1}$ 锰标准液。

(2)10 $mg\cdot L^{-1}$ 铁标准液：称取 0.100 0 g 光谱纯铁丝，溶于 20 mL 0.6 $mol\cdot L^{-1}$ HCl 溶液中，必要时加热使之溶解，移入 1 L 容量瓶中，用水定容至刻度，得 100 $mg\cdot L^{-1}$ 贮备液；用蒸馏水稀释 10 倍，得 10 $mg\cdot L^{-1}$ 铁标准液。

(3)10 $mg\cdot L^{-1}$ 铜标准液：称取 0.392 8 g $CuSO_4\cdot 5H_2O$，溶于适量 0.5 $mol\cdot L^{-1}$ H_2SO_4

溶液中，用蒸馏水定容至 1 L，得 100 mg · L^{-1} 铜贮备液；用蒸馏水稀释 10 倍，得 10 mg · L^{-1} 铜标准液。

(4)10 mg · L^{-1} 锌标准液：称取 0.100 0 g 金属锌，溶于 50 mL 蒸馏水和 1 mL H_2SO_4 中，加蒸馏水定容至 1 L，得 100 mg · L^{-1} 锌贮备液；用蒸馏水稀释 10 倍，得 10 mg · L^{-1} 锌标准液。

其他试剂参照实验 2-3 Ⅰ 准备。

［方法与步骤］

1. 样品消化

参见实验 2-3 中 Ⅰ 钙、镁全量测定“样品消化”步骤。

2. 样品测定

分别吸取 10 mL 上述待测液于进样管中，直接在原子吸收分光光度计上测定锰(279.5 nm)、铁(248.3 nm)、铜(324.7 nm)、锌(213.8 nm)等元素的吸收值。

3. 标准曲线绘制

(1)锰标准曲线

分别吸取 10 mg · L^{-1} 锰标准液 0、2.5、5.0、10、15、20 mL 至 6 个 25 mL 容量瓶中，各加 2 mL HCl 溶液(1∶1)，用蒸馏水定容，即得 0、1.0、2.0、4.0、6.0、8.0 mg · L^{-1} 锰标准系列溶液。

(2)铁标准曲线

分别吸取 10 mg · L^{-1} 铁标准液 0、2.0、4.0、6.0、8.0、10 mL 至 6 个 25 mL 容量瓶中，各加 2 mL HCl 溶液(1∶1)，用蒸馏水定容，即得 0、0.8、1.6、2.4、3.2、4.0 mg · L^{-1} 铁标准系列溶液。

(3)铜标准曲线

分别吸取 10 mg · L^{-1} 铜标准液 0、2.0、4.0、6.0、8.0、10 mL 至 6 个 25 mL 容量瓶中，各加 2 mL HCl 溶液(1∶1)，用蒸馏水定容，即得 0、0.8、1.6、2.4、3.2、4.0 mg · L^{-1} 铜标准系列溶液。

(4)锌标准曲线

分别吸取 10 mg · L^{-1} 锌标准液 0、2.0、4.0、6.0、8.0、10 mL 至 6 个 25 mL 容量瓶中，各加 2 mL HCl 溶液(1∶1)，用蒸馏水定容，即得 0、0.8、1.6、2.4、3.2、4.0 mg · L^{-1} 锌标准系列溶液。

与样品测定相同工作条件下，在原子吸收分光光度计上测定各元素标准液吸收值，以浓度为横坐标，吸光度值为纵坐标，绘制各元素标准曲线，然后计算作物组织中各元素的质量分数。

4. 结果计算

$$\omega(\mathrm{Mn})\text{或}\omega(\mathrm{Fe})\text{或}\omega(\mathrm{Cu})\text{或}\omega(\mathrm{Zn})=\frac{\rho\times V\times10^{-6}}{m}\times100\% \tag{2-4-1}$$

式中：$\omega(\mathrm{Mn})$ 或 $\omega(\mathrm{Fe})$ 或 $\omega(\mathrm{Cu})$ 或 $\omega(\mathrm{Zn})$—样品中全锰(铁、铜、锌等)的质量分数(%)；

ρ—根据标准曲线测得的待测液中锰(铁、铜、锌等)的质量浓度(mg · L^{-1})；

V—样品溶液的体积(mL)；

m—样品质量(g)。

10^{-6}—将 mg 换算成 kg 的系数。

［注意事项］

同实验 2-3 Ⅰ中“注意事项”。

实验 2-5　硒含量测定

Ⅰ　氢化物原子荧光光谱法

(一)总硒测定

［实验目的］

学习和掌握氢化物原子荧光光谱法测定总硒含量的原理与方法。

［实验原理］

经酸加热消化后，六价硒被还原成四价硒，用 $NaBH_4$ 或 KBH_4 作还原剂，将四价硒在 HCl 介质中还原成 H_2Se，由载气(氩气)带入原子化器中进行原子化。在硒空心阴极灯照射下，基态硒原子被激发至高能态，在去活化回到基态时，发射出特征波长的荧光，其荧光强度与硒含量呈正比，与标准系列比较定量。

［实验器材］

1. 实验材料

粮食、豆类等。

2. 实验器具

原子荧光光谱仪、分析天平(0.000 1 g)、电热板、微波消解系统(含消解内罐)等。

3. 实验试剂

(1) H_2O_2、氩气(Ar)(纯度≥99.995%)。

(2) HNO_3-$HClO_4$ 混合酸(9∶1)：将 900 mL HNO_3 与 100 mL $HClO_4$ 混匀。

(3) 5 g·L^{-1} NaOH 溶液：称取 5 g NaOH，溶于 1 000 mL 蒸馏水中，混匀。

(4) 8 g·L^{-1} $NaBH_4$ 碱溶液：称取 8 g $NaBH_4$，溶于 5 g·L^{-1} NaOH 溶液中，混匀。(现配现用)

(5) 6 mol·L^{-1} HCl 溶液：量取 50 mL HCl，缓慢加入 40 mL 蒸馏水中，冷却后定容至 100 mL，混匀。

(6) 100 g·L^{-1} $K_3Fe(CN)_6$ 溶液：称取 10 g $K_3Fe(CN)_6$，溶于 100 mL 蒸馏水中，混匀。

(7) HCl 溶液(1∶19)：量取 25 mL HCl，缓慢加入 475 mL 蒸馏水中，混匀。

(8) 1 000 mg·L^{-1} 硒标准溶液：经国家认证并授予标准物质证书的硒标准溶液。

(9) 100 mg·L^{-1} 硒标准中间液：吸取 1.0 mL 1 000 mg·L^{-1} 硒标准溶液于 10 mL 容量瓶中，加 HCl 溶液(1∶19)定容至刻度，混匀。

(10) 1 mg·L^{-1} 硒标准使用液：吸取 1.0 mL 100 mg·L^{-1} 硒标准中间液于 100 mL 容量

瓶中，用 HCl 溶液(1∶19)定容至刻度，混匀。

(11)硒标准系列溶液：分别吸取 1 $mg \cdot L^{-1}$ 硒标准使用液 0、0.5、1.0、2.0、3.0 mL 于 100 mL 容量瓶中，加入 10 mL 100 $g \cdot L^{-1}$ $K_3Fe(CN)_6$ 溶液，用 HCl 溶液(1∶19)定容至刻度，混匀得硒标准系列溶液，其质量浓度分别为 0、5.0、10.0 、20.0、30.0 $\mu g \cdot L^{-1}$。

[方法与步骤]

1. 试样消解

(1)湿法消解

称取试样粉末 0.5～3 g 置于锥形瓶中，加入 10 mL HNO_3-$HClO_4$ 混合酸(9∶1)和少许玻璃珠，盖上表面皿冷消化过夜。次日于电热板上加热(及时补加 HNO_3)，当溶液变为清亮无色并出现白烟，继续加热至剩余 2 mL 左右(不可蒸干)，冷却后加入 5 mL 6 $mol \cdot L^{-1}$ HCl 溶液，继续加热至溶液变为清亮无色并出现白烟。冷却后转移至 10 mL 容量瓶，加入 2.5 mL 100 $g \cdot L^{-1}$ $K_3Fe(CN)_6$ 溶液，用蒸馏水定容，混匀待测。同时做空白试验。

(2)微波消解

称取试样粉末 0.2～0.8 g 置于消化管中，加入 10 mL HNO_3、2 mL H_2O_2，振摇混合均匀，于微波消解仪中消解，微波消解条件见表 2-5-1。消解结束待冷却后，将消化液转入锥形瓶中，加少许玻璃珠，在电热板上继续加热至近干(不可蒸干)，后续步骤同(1)湿法消解。

表 2-5-1 微波消解升温程序

步骤	设定温度/℃	升温时间/min	恒温时间/min
1	120	6	1
2	150	3	5
3	200	5	10

2. 仪器条件

负高压 340 V，灯电流 100 mA，原子化温度 800 ℃，炉高 8 mm，载气流速 500 $mL \cdot min^{-1}$，屏蔽气流速 1 000 $mL \cdot min^{-1}$，测量方式标准曲线法，读数方式峰面积，延迟时间 1 s，读数时间 15 s，加液时间 8 s，进样体积 2 mL。

3. 标准曲线绘制

以 HCl 溶液(1∶19)为载流、8 $g \cdot L^{-1}$ $NaBH_4$ 碱溶液为还原剂，测定空白溶液的荧光强度后，按顺序由低到高分别测定硒标准系列溶液的荧光强度，根据荧光强度和对应的元素浓度绘制硒标准曲线。

4. 试验测定

将空白和试样溶液分别导入仪器，测其荧光强度，与标准系列比较定量。

5. 结果计算

按式(2-5-1)计算试样中硒含量：

$$X=\frac{(\rho-\rho_0)\times V}{m\times 10^3} \tag{2-5-1}$$

式中：X—试样中硒的含量（$mg \cdot kg^{-1}$ 或 $mg \cdot L^{-1}$）；

ρ —试样溶液中硒的质量浓度（$\mu g \cdot L^{-1}$）；

ρ_0—空白溶液中硒的质量浓度（$\mu g \cdot L^{-1}$）；

V—试样消化液总体积（mL）；

m—试样称样量或移取体积（g 或 mL）；

10^3—换算系数。

[注意事项]

（1）玻璃器皿需用 HNO_3 溶液（1∶5）浸泡过夜，用自来水冲洗干净后，再用蒸馏水冲洗3次。

（2）当硒含量≥1.00 $mg \cdot kg^{-1}$（或 $mg \cdot L^{-1}$）时，结果保留3位有效数字；当硒含量＜1.00 $mg \cdot kg^{-1}$（或 $mg \cdot L^{-1}$）时，结果保留2位有效数字。

（二）有机（无机）硒测定

[实验目的]

了解氢化物原子荧光光谱法测定有机（无机）硒含量的原理与方法。

[实验原理]

样品中无机硒经 HCl 水浴条件提取，使用环己烷萃取净化，用氢化物原子荧光光谱法测定提取液中无机硒的含量。总硒含量按《食品安全国家标准　食品中硒的测定》（GB 5009.93—2017）中“第一法 氢化物原子荧光光谱法”测定。有机硒含量为总硒与无机硒的差值。

[实验器材]

1. 实验材料

作物、土壤等。

2. 实验器具

原子荧光光谱仪、分析天平（0.000 1 g）、电热板、恒温水浴振荡器、分液漏斗等。

3. 实验试剂

（1）正辛醇（$C_8H_{18}O$）、环己烷（C_6H_{12}）、硝酸（HNO_3）、氩气（Ar）（纯度≥99.99%）。

（2）HCl 溶液（1∶1）：取 50 mL HCl（优级纯），用蒸馏水稀释至 100 mL。

（3）HCl 溶液（1∶49）：取 2 mL HCl（优级纯），用蒸馏水稀释至 100 mL。

（4）5 $g \cdot L^{-1}$ NaOH 溶液：称取 5.0 g NaOH，用蒸馏水溶解并定容至 1 000 mL。

（5）10 $g \cdot L^{-1}$ $NaBH_4$ 溶液：称取 10.0 g $NaBH_4$，用 NaOH 溶液溶解并定容至 1 000 mL。

（6）100 $g \cdot L^{-1}$ $K_3[Fe(CN)_6]$溶液：称取 10.0 g $K_3[Fe(CN)_6]$，用蒸馏水溶解并定容至100 mL，混匀。

（7）1 000 $mg \cdot L^{-1}$ 硒标准溶液：经国家认证并授予标准物质证书的硒标准溶液。

（8）1 $mg \cdot L^{-1}$ 硒标准使用液：由硒标准溶液用 HCl 溶液（1∶49）逐级稀释而成。

（9）硒标准系列溶液：分别吸取 1 $mg \cdot L^{-1}$ 硒标准使用液 0、0.05、0.2、0.4、0.6、0.8、

1.0 mL 于 50 mL 容量瓶中，然后分别加入 20 mL HCl 溶液(1∶1)、5 mL 100 g·L^{-1} $K_3[Fe(CN)_6]$溶液和3滴正辛醇，用蒸馏水稀释并定容至刻度，摇匀待测。硒标准系列溶液质量浓度依次为0、0.1、0、4.0、8.0、12.0、16.0、20.0 μg·L^{-1}。

[方法与步骤]

1. 试样处理

称取约2.5 g试样置于25 mL具塞刻度试管中，加入20 mL HCl溶液(1∶1)，并用HCl溶液(1∶1)定容至25 mL，混匀，置于60 ℃恒温水浴中，200 r·min^{-1}振荡浸提18 h，取出冷却至室温，再经脱脂棉过滤。将滤液倒入分液漏斗中，加入5 mL环己烷萃取，静置分层并收集水相于烧杯中。吸取4 mL水相于10 mL具塞刻度试管中，置于沸水浴中20 min，取出冷却至室温，分别加入1 mL 100 g·L^{-1} $K_3[Fe(CN)_6]$溶液、3滴正辛醇，加蒸馏水定容至10 mL，摇匀待测。同时做空白试验。

2. 仪器条件

负高压270 V，灯电流80 mA，原子化温度200 ℃，原子化器高度8 mm，载气流速400 mL·min^{-1}，屏蔽气流速800 mL·min^{-1}，读数方式为峰面积，读数延迟时间1.5 s，读数时间7 s，进样体积1 mL，测量方式标准曲线法。

3. 标准曲线绘制

以HCl溶液(1∶49)为载流、$NaBH_4$溶液为还原剂，测定空白溶液的荧光强度后，按顺序由低到高分别测定硒标准系列溶液的荧光强度，根据荧光强度和对应的元素质量浓度绘制硒标准曲线。

4. 试样测定

按顺序依次对空白试验溶液、试样待测溶液进行测定。

5. 结果计算

按式(2-5-2)计算试样中无机硒含量：

$$X_1=\frac{(c-c_0)\times f\times 10^3}{m\times 10^3\times 10^3} \tag{2-5-2}$$

式中：X_1—试样中无机硒的含量(mg·kg^{-1})；

c—试样提取液测定浓度(μg·L^{-1})；

c_0—无机硒空白测定浓度(μg·L^{-1})；

f—f=25 mL×10 mL/4 mL；

m—无机硒测定时称取的试样质量(g)。

按式(2-5-3)计算试样中有机硒含量：

$$X_2=X-X_1 \tag{2-5-3}$$

式中：X_2—试样中有机硒的含量(mg·kg^{-1})；

X—试样中总硒的含量(mg·kg^{-1})；

X_1—试样中无机硒的含量(mg·kg^{-1})。

[注意事项]

(1)玻璃器皿需用 HNO_3 溶液(1∶5)浸泡过夜,用自来水冲洗干净后,再用蒸馏水冲洗3次。

(2)若测定结果超出标准曲线的线性范围,应将试液适当稀释后再测定。

Ⅱ HPLC 联用 ICP-MS 法

[实验目的]

了解高效液相色谱(HPLC)联用电感耦合等离子体质谱(ICP-MS)法测定有机硒含量的原理;掌握 HPLC 联用 ICP-MS 仪的操作和使用。

[实验原理]

有机硒在蛋白酶适宜的条件下酶解,以小分子的硒代氨基酸形式释放出来,再通过高效液相色谱分离系统进行组分分离后,由电感耦合等离子体质谱仪测定,以保留时间和质荷比定性,以峰面积外标法定量。

[实验器材]

1. 实验材料

粮食作物、豆类等。

2. 实验器具

高效液相色谱-电感耦合等离子体质谱联用仪、高速粉碎机、分析天平(0.000 1 g)、pH 计、离心机、涡旋振荡器、振荡水浴锅、有机系滤膜(0.45 μm)等。

3. 实验试剂

(1)氩气(Ar)或液氩(纯度≥99.99%)、氦气(He)(纯度≥99.99%)、36% HCl。

(2)蛋白酶液(CAS 9014-01-1):300～400 $U \cdot mL^{-1}$,不含丙三醇稳定剂,于 0～5 ℃冰箱中储存。

(3)3 $mol \cdot L^{-1}$ HAc 溶液:取 86 mL HAc,加入 200 mL 蒸馏水,混匀后定容至 500 mL。

(4)流动相(98% 三氟乙酸-2%甲醇):取 3.92 mL $C_2HF_3O_2$ 加入 1 000 mL 蒸馏水,再加入 40 mL 甲醇,最后用水定容至 2 000 mL,过 0.45 μm 有机系滤膜,超声脱气 10 min。

(5)1 $mol \cdot L^{-1}$ NaOH 溶液:称取 4 g NaOH,用蒸馏水稀释至 100 mL,混匀。

(6)6 $mol \cdot L^{-1}$ NaOH 溶液:称取 24 g NaOH,用蒸馏水稀释至 100 mL,混匀。

(7)1 $mol \cdot L^{-1}$ HCl 溶液:取 8.33 mL HCl,用蒸馏水稀释至 100 mL,混匀。

(8)0.05 $mol \cdot L^{-1}$ MES-Tris 缓冲液:称取 19.52 g 2-(N-吗啉代)乙烷磺酸和 12.20 g $CH_5N_3O_3$,用 1.7 L 水溶解,20 ℃时用 6 $mol \cdot L^{-1}$ NaOH 溶液调节 pH 为 8.3,加蒸馏水稀释至 2 L。

(9)蛋白酶溶液:用 0.05 $mol \cdot L^{-1}$ MES-Tris 缓冲液配制成 50 $mg \cdot mL^{-1}$ 蛋白酶溶液,使用前现配并于 0～5 ℃暂存。

(10)硒代胱氨酸($SeCys_2$,$C_6H_{12}N_2O_4Se_2$,M=334.09,纯度≥98%):经国家认证并授予

标准物质证书。

(11)甲基-硒代半胱氨酸(*L*-SeMc,$C_4H_9NO_2Se$,M=182.08,纯度≥98%):经国家认证并授予标准物质证书。

(12)硒代蛋氨酸(SeMet,$C_5H_{11}NO_2Se$,M=196.11,纯度≥98%):经国家认证并授予标准物质证书。

(13)100 mg·L^{-1} 无机硒标准溶液:经国家认证并授予标准物质证书。

(14)100 mg·L^{-1} 硒代胱氨酸贮备液:称取10.2 mg硒代胱氨酸于100 mL容量瓶中,用蒸馏水定容,摇匀备用,0~4 ℃避光保存3个月。

(15)100 mg·L^{-1} 甲基-硒代半胱氨酸贮备液:称取10.2 mg甲基-硒代半胱氨酸于100 mL容量瓶中,用蒸馏水定容,摇匀备用,0~4 ℃避光保存3个月。

(16)100 mg·L^{-1} 硒代蛋氨酸贮备液:称取10.2 mg硒代蛋氨酸于100 mL容量瓶中,用蒸馏水定容,摇匀备用,0~4 ℃避光保存3个月。

(17)1 mg·L^{-1} 有机硒混合中间液:分别取3种单标标准溶液[上述(14)~(16)]各1 mL至100 mL容量瓶,用蒸馏水定容,摇匀备用,0~4 ℃避光保存1周。

(18)1 mg·L^{-1} 无机硒贮备液:取无机硒标准溶液1 mL至100 mL容量瓶,用蒸馏水定容,摇匀备用,0~4 ℃避光保存1周。

(19)硒混合使用液:分别于6个10mL容量瓶中依次加入1 mg·L^{-1} 有机硒混合中间液0、0.05、0.10、0.20、0.50、1.0 mL,然后除零点外,分别加入无机硒贮备液各0.20 mL,最后用0.05 mol·L^{-1} MES-Tris缓冲液定容至刻度,摇匀。配制的标准工作溶液见表2-5-2。

表2-5-2 配制的标准工作溶液梯度

组分	标准系列1	标准系列2	标准系列3	标准系列4	标准系列5	标准系列6
$SeCys_2$/(μg·L^{-1})	0	5	10	20	50	100
L-SeMc/(μg·L^{-1})	0	5	10	20	50	100
SeMet/(μg·L^{-1})	0	5	10	20	50	100

[方法与步骤]

1. 试样制备

(1)固体样品取可食部分,经高速粉碎机粉碎均匀,密封保存备用。

(2)蔬菜、鸡蛋等含水分较多的样品,高速匀浆搅拌混匀,密封保存备用。

(3)液体样品,摇匀,密封保存备用。

2. 试样提取

称取0.2~1.0 g(精确至0.001 g)样品于50 mL锥形瓶中,准确移取、加入20 mL 0.05 mol·L^{-1} MES-Tris缓冲液,再加入100 μL 50 mg·mL^{-1} 蛋白酶溶液,用锡纸封口,混匀。控制试样温度保持在(60±1) ℃,持续酶解2 h,取出冷却后,转移至50 mL离心管中,5 000 r·min^{-1} 离心10 min,取上清液,过0.45 μm有机系滤膜,收集待测。同时做空白试验。

3. 仪器条件

(1)HPLC条件

a) 色谱柱:C18柱(250 mm×4.6 mm,5 μm),或等效色谱柱;

b）流动相：98%三氟乙酸-2%甲醇；

c）柱温：30 ℃；

d）进样量：100 μL；

e）流速：1.0 mL·min^{-1}；

f）等度洗脱。

(2)ICP-MS条件

a）射频功率：1 500～1 600 W；

b）采样深度：8 mm；

c）等离子体气流量：17 L·min^{-1}；

d）辅助气流量：1.2 L·min^{-1}；

e）载气流量：0.95 L·min^{-1}；

f）氦气流量：3 mL·min^{-1}；

g）积分时间：1.0 s；

h）检测质荷比(m/z)：78；

i）双电荷：≤2.0%；

j）氧化物：≤3.0%；

k）氦气碰撞模式。

4. 标准曲线绘制

用调谐液调整仪器的各项性能指标，使仪器灵敏度、氧化物、双电荷、分辨率等各项指标达到仪器的测试要求。待基线稳定后，将有机硒标准系列溶液按质量浓度由低到高分别注入高效液相色谱-电感耦合等离子体质谱联用仪中进行测定，以标准系列溶液中目标化合物的浓度为横坐标，以色谱峰面积为纵坐标，制作标准曲线。

5. 样品测定

(1)定性测定

依次将空白溶液和试样溶液注入高效液相色谱-电感耦合等离子体质谱联用仪中，得到色谱图。进行试样测定时，待测样品色谱峰的保留时间、质荷比应与标准物质相一致。

(2)定量测定

采用峰面积外标法定量，根据标准曲线得到试样溶液中各有机硒的溶液浓度。

6. 结果计算

试样中有机硒含量按式(2-5-4)计算：

$$X=\frac{(c_s-c_0)\times V}{m\times 10^3} \qquad (2\text{-}5\text{-}4)$$

式中：X —试样中有机硒的含量(mg·kg^{-1})；

c_s—查标准曲线所得试样有机硒质量浓度(μg·L^{-1})；

c_0—查标准曲线所得空白有机硒质量浓度(μg·L^{-1})；

V —样品提取体积(mL)；

m —试样质量(g)。

10^3—换算系数。

［注意事项］

本实验使用试剂均为分析纯，水为GB/T 6682—2008中规定的一级水。

实验2-6 硝态氮、铵态氮和胺态氮含量测定

Ⅰ 硝态氮含量测定——水杨酸法

［实验目的］

了解硝态氮含量的测定原理和方法。

［实验原理］

在强酸条件下，NO_3^- 与水杨酸反应，生成硝基水杨酸，硝基水杨酸在碱性条件下（pH>12）呈黄色，在410 nm波长处有最大吸收，其颜色深浅与含量成正比，可用分光光度计测定。

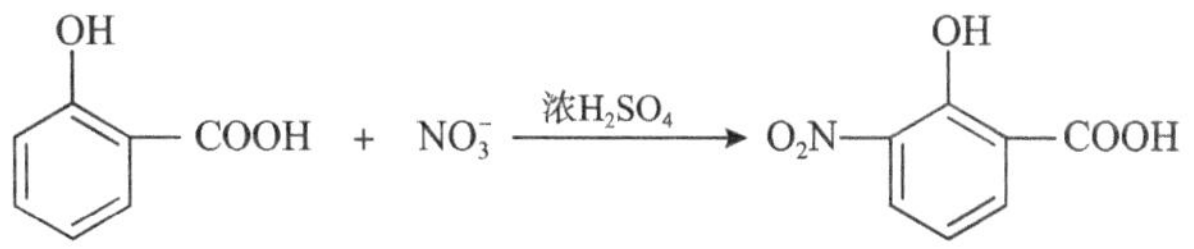

［实验器材］

1. 实验材料

作物叶片等。

2. 实验器具

分光光度计、分析天平（0.000 1 g）、移液器、水浴锅、刻度试管、剪刀、容量瓶、小漏斗（直径5 cm）、玻璃塞、定量滤纸等。

3. 实验试剂

(1)10 $\mu g \cdot mL^{-1}$ NO_3^--N标准液：称取烘干至恒重的KNO_3 0.144 4 g，用去离子水溶解并定容至200 mL，得100 $\mu g \cdot mL^{-1}$ NO_3^--N溶液；然后吸取该溶液10 mL，加去离子水定容至100 mL，即为10 $\mu g \cdot mL^{-1}$ NO_3^--N标准液。

(2)5%水杨酸-硫酸溶液：称取5 g水杨酸，加少量H_2SO_4（d=1.84）溶解后，再加H_2SO_4定容至100 mL，摇匀后贮于棕色瓶中，置于冰箱保存，1周内有效。

(3)8% NaOH溶液：称取20 g NaOH，溶于250 mL去离子水中。

［方法与步骤］

1. 标准曲线制作

取6支10 mL刻度试管，编号，按表2-6-1配制含量为0～10 μg的系列NO_3^--N标准液。加入表中试剂，摇匀后于室温下静置20 min，再加入8.6 mL 8% NaOH溶液，摇匀，使显色液总体积为10 mL。待冷却至室温，以0号管作空白对照，测定410 nm波长下光密度（optical density，OD）即OD_{410}。以NO_3^--N为横坐标，OD_{410}为纵坐标，绘制标准曲线。

表 2-6-1　NO_3^--N 标准液的配制

试剂	试管编号					
	0	1	2	3	4	5
10 $\mu g \cdot mL^{-1}$ NO_3^--N 标准液体积/mL	0	0.2	0.4	0.6	0.8	1.0
去离子水体积/mL	1.0	0.8	0.6	0.4	0.2	0
5%水杨酸-硫酸溶液体积/mL	0.4	0.4	0.4	0.4	0.4	0.4
NO_3^--N 含量/μg	0	2.0	4.0	6.0	8.0	10.0

2. 样品提取

取适量植物叶片剪碎混匀，称取 2～3 g(鲜重，fresh weight，FW)，分别放入 3 支 20 mL 刻度试管中，加入 10 mL 去离子水，用玻璃珠封口，置于沸水浴中提取 30 min；取出，用自来水冷却，将提取液过滤至 25 mL 容量瓶中，并用去离子水反复冲洗残渣，最后定容至刻度。

3. 样品测定

分别吸取 0.1 mL 提取液至 10 mL 刻度试管中，加入 0.9 mL 去离子水、0.4 mL 5%水杨酸-硫酸溶液，混匀后于室温下静置 20 min，再慢慢加入 8.6 mL 8% NaOH 溶液，摇匀，使显色液总体积为 10 mL。待冷却至室温，以标准曲线 0 号管作空白对照，测定 OD_{410}。

4. 结果计算

根据样品 OD_{410}，从标准曲线上查得 NO_3^--N 含量，按式(2-6-1)计算植物材料中的 NO_3^--N 含量。

$$NO_3^-\text{-N 含量}(\mu g \cdot g^{-1}FW)=\frac{C\times V_t}{W\times V_s} \qquad (2\text{-}6\text{-}1)$$

式中：C—从标准曲线查得的 NO_3^--N 含量(μg)；

W—样品鲜重(g)；

V_t—样品提取液总体积(mL)；

V_s—测定时提取液用量(mL)。

[注意事项]

(1)水杨酸与硝态氮的反应时间不能少于 20 min。

(2)不要将 5%水杨酸-硫酸溶液溅到桌面、衣物或皮肤上。

(3)加热煮沸时要小心，以免烫伤。

Ⅱ　铵态氮、胺态氮含量测定——靛酚蓝比色法

[实验目的]

熟悉植物体内铵态氮、胺态氮含量的测定原理和方法。

[实验原理]

有机态的胺态氮(—NH_2)主要存在于氨基酸、酰胺和蛋白质分子中。作物组织中的含氮

有机化合物在 H_2SO_4-H_2O_2 消煮过程中水解为氨基酸，氨基酸又在硫酸的脱氨作用下还原成氨，氨与硫酸结合形成无机态硫酸铵，与样品本身存在的铵盐共同存在消化液中。铵离子（NH_4^+）在碱性条件下与次氯酸盐和苯酚作用，生成可溶性有色物质——靛酚蓝，该物质在 625 nm 有最大吸收，可比色测定其含量。

[实验器材]

1. 实验材料

作物植株干样。

2. 实验器具

分光光度计、分析天平（0.000 1 g）、水浴锅、移液器、刻度试管、剪刀、容量瓶、小漏斗（直径 5 cm）、玻璃塞、定量滤纸等。

3. 实验试剂

（1）硫酸、30% H_2O_2、无氨水、0.1%甲基红-EDTA 溶液。

（2）0.3 mol·L^{-1} NaOH：称取 12.0 g NaOH，用蒸馏水溶解并定容至 1 000 mL，混匀。

（3）苯酚溶液：称取 10 g 苯酚和 100 mg 硝基铁氰化钠（$Na_2[Fe(CN)_5NO]\cdot 2H_2O$），加无氨水溶解，定容至 1 000 mL，贮于棕色瓶中，4 ℃冰箱中保存。

（4）5%次氯酸钠溶液：称取 5.25 g NaClO 溶于 100 mL 无氨水中。

（5）次氯酸钠碱性溶液：称取 10 g NaOH、7.06 g $Na_2HPO_4\cdot 7H_2O$、31.8 g $Na_3PO_4\cdot 12H_2O$，溶于适量无氨水中，同时加入 10 mL NaClO 溶液，定容至 1 000 mL，贮于棕色瓶中，4 ℃冰箱中保存。

（6）5 μg·mL^{-1} 铵态氮（NH_4^+-N）标准溶液：称取 0.471 7 g 干燥的（NH_4）$_2SO_4$，用无氨水溶解并定容至 1 000 mL，得 100 μg·mL^{-1} NH_4^+-N 贮备液。使用前加无氨水稀释 20 倍即得 5 μg·mL^{-1} NH_4^+-N 标准溶液。

[方法与步骤]

1. 标准曲线绘制

分别吸取 5 μg·mL^{-1} NH_4^+-N 标准溶液 0、0.5、1.0、2.0、3.0、4.0、5.0 mL 至 50 mL 容量瓶中，加入 1 mL 0.1%甲基红-EDTA 溶液，用 0.3 mol·L^{-1} NaOH 调节 pH 至 6 左右（甲基红由红色变为黄色），再依次加入 5 mL 苯酚和 5 mL 次氯酸钠溶液，摇匀，用无氨水定容至 50 mL，放置 1 h 以上，得 0、0.05、0.1、0.2、0.3、0.4、0.5 μg·mL^{-1} 系列浓度 NH_4^+-N 标准液。然后以空白瓶为对照，在 625 nm 波长下测定 OD_{625}。以 NH_4^+-N 含量为横坐标，OD_{625} 为纵坐标，绘制标准曲线。

2. 样品消煮

称取 0.50 g 植物烘干样品置于消化管底部，加入 6 mL 硫酸，混匀浸润，放置过夜。在消化炉上加热至冒白烟，控温稍冷，逐滴加入 20 滴 30% H_2O_2，加热微沸几分钟，冷却，再滴加数滴 30% H_2O_2，如此反复多次，至消化液完全透明为止，最后一次微沸 15 min，以除尽剩余 H_2O_2，冷却后加 10 mL 无氨水，移入 50 mL 容量瓶中，定容。将消化液转入塑料小瓶中，置于冰箱中保存。

3. 铵态氮(NH_4^+)总量测定

将样品消化液用无氨水稀释 10 倍,吸取 0.5 mL 稀释液至 50 mL 容量瓶中,加入 1 mL 0.1%甲基红-EDTA 溶液,用 0.3 mol·L^{-1} NaOH 调节 pH 至 6 左右,再依次加入 5 mL 苯酚和 5 mL 次氯酸钠溶液,摇匀,用无氨水定容至 50 mL,放置 1 h 以上。同时以 0.5 mL 无样消化液代替样品消化液做空白试验。以标准曲线“空白”为空白,分别测定样品显色液和空白试验显色液的 OD_{625}。从标准曲线上查得 NH_4^+-N 含量,然后求出植物材料 NH_4^+-N 总含量。

$$NH_4^+\text{-N 含量}(mg \cdot g^{-1}) = \frac{(C - C_0) \times V \times V_1}{m \times V_2 \times 100} \quad (2\text{-}6\text{-}2)$$

式中:C—样品显色液 NH_4^+-N 含量($\mu g \cdot mL^{-1}$);

C_0—空白值($\mu g \cdot mL^{-1}$);

V—显色液体积(mL);

V_1—消化液定容体积(mL);

V_2—消化液吸取体积(mL);

m—样品质量(g)。

4. 实际铵态氮(NH_4^+-N)含量测定

称取植物干样 0.5 g(或鲜样 1.0 g),加无氨水研磨制备样品提取液。然后按照铵态氮总量测定方法测定样品实际铵态氮含量。

5. 胺态氮($—NH_2$)含量计算

样品胺态氮含量=消煮样品铵态氮含量-非消煮样品铵态氮含量　(2-6-3)

[注意事项]

(1)硝基铁氰化钠毒性较强,使用时应注意。

(2)消煮时要小心,以免烫伤。

参考文献

郝建军,康宗利,于洋,2007. 植物生理学实验技术. 北京:化学工业出版社.

侯福林,2010. 植物生理学实验教程. 北京:科学出版社.

湖北省卫生健康委员会. 食品安全地方标准　富硒食品中无机硒的测定方法:DBS 42/ 010—2018.

林大仪,2004. 土壤学实验指导书. 北京:中国林业科学出版社.

鲁如坤,1999. 土壤农业化学分析方法. 北京:中国农业科技出版社.

路文静,李奕松,2012. 植物生理学实验教程. 北京:中国林业出版社.

深圳市分析测试协会. 食品中有机硒含量的测定　高效液相色谱-电感耦合等离子体质谱法:T/SATA 041—2023.

汤绍虎,罗充,2012. 植物生理学实验教程. 重庆:西南师范大学出版社.

天津市市场和质量监督管理委员会. 土壤中有机质含量的测定　直接加热法:DB12/T 961 — 2020.

郑梦华,2023. 关于小管密封法测定土壤有机质的研究. 皮革制作与环保科技,4(2):178-180.

中华人民共和国国家卫生和计划生育委员会,国家食品药品监督管理总局. 食品安全国家标准　食品中硒的测定:GB 5009.93—2017.

中华人民共和国国家质量监督检验检疫总局．出口水产品中有机硒和无机硒的测定　氢化物发生原子荧光光谱法:SN/T 4526—2016.

中华人民共和国农业部．土壤检测　第 6 部分:土壤有机质的测定:NY/T 1121.6 — 2006.

中华人民共和国农业部．土壤有机质测定法:NY/T 85 — 1988.

邹琦,2000. 植物生理学实验指导．北京:中国农业出版社．

第3章 作物光合测定

光合作用是作物生长发育的基础，同时决定作物生产力高低。随着人口日益增加和耕地日益减少的矛盾加剧，为了满足日益增长的食物需求，通过改善光合作用提高作物单位面积产量成为第二次绿色革命的核心问题。光合速率与作物产量密切相关，被广泛用作筛选高产品种的重要标准。因此，研究光合有效辐射、环境温湿度、CO_2 浓度、叶片生理成熟度以及不同栽培措施对光合效率的影响，研发高光效作物品种和栽培技术，是提高粮食产量、全方位夯实我国粮食安全根基的又一重要举措。

实验 3-1 光合速率测定

[实验目的]

了解 LI-6800 光合作用测定仪（光合仪）测定光合速率的原理；掌握 LI-6800 光合仪的使用方法。

[实验原理]

LI-6800 光合仪采用差分法，即通过测量样品室和参比室之间 CO_2 的浓度差，计算植物叶片光合速率。

[实验器材]

1. 实验材料

作物叶片。

2. 实验仪器

LI-6800 光合仪。

[方法与步骤]

(1)开机，待自检完成后，点击“Environment”标签，进行环境设置（流速和混合扇必须选择 On）

a)设置流速：流速，On；泵转速，Auto；流速设定值，500 $\mu mol \cdot s^{-1}$；压力，0.1 kPa。

b)设置 H_2O:H_2O,On;RH_air,50%~75%。

不涉及水分胁迫处理的实验,可设置稳定的湿度环境,排除水分对植物气孔行为的影响。

c)设置 CO_2:若无 CO_2 钢瓶则设为 Off;若有 CO_2 钢瓶,CO_2注入器设为 On,CO_2_s 设为 400 $\mu mol \cdot mol^{-1}$。

d)设置混合扇:混合扇,On;风扇转速,10 000 $r \cdot min^{-1}$。

e)设置温度:温度,On;T_{leaf},25 ℃(或根据 T_{air} 设置一个相近温度)。

f)设置光强:对于处理间光合特性对比实验,需设置一个稳定的光强,以排除外界变化的光照对植物光合速率的影响。

6800-01F 荧光叶室:选择 Fluorometer,控制模式;设定值,1 500 $\mu mol \cdot m^{-2} \cdot s^{-1}$;Color Sepc,r90(90%红光)。

6800-02 红蓝光源叶室:选择 Head LS,控制模式;设定值,1 500 $\mu mol \cdot m^{-2} \cdot s^{-1}$;Color Sepc,r90(90%红光)

(2)稳定性设置(可在测量状态下观察参数的实时变化图以确保稳定)(表 3-1-1)。

表 3-1-1 稳定性参数设置对照表

变量	偏限设置	时间/s
CO_2R & CO_2S. Meas	1(使用 CO_2 小钢瓶)或 2(不使用 CO_2 小钢瓶)	20
H_2OR & H_2OS. Meas	1	20
A. GasEx	1	20
gsw. GasEx	0.1	20

(3)点击"Log Files"标签,设置记录文件和记录选项。

a)设置记录选项:保持默认,检查确保选中"Also log data to Excel file"。如果叶片不能充满叶室,检查屏幕右下角"Check to log as a row"区域,确认"Const S"选框没有被勾选。

b) 设置匹配选项:使用不熟练者选"Only match if",使用熟练者选"Never match",每隔 10~20 min 匹配一次。

c) 打开日志文件:按"New Folder→建立数据文件夹(选中并打开)→New File→输入文件名称→OK"操作,然后开始测量。

(4)开始测量:夹上叶片,点击"Measurement"进入测量界面,观察左侧稳定性实时变化图,数据稳定后,点击"Log"记录数据。

(5)更换叶片,重复步骤(4),直到测量完成。

(6)测量结束后,依次点击"Log Files→Logging to→Close Log"标签,关闭记录文件。

(7)插入 U 盘,依次点击"Log Files→Export Logs"标签,将数据导出。

[注意事项]

(1)测定光合参数宜选择晴朗、阳光充足的天气。

(2)野外测量一般选择 8:30—11:30,避开作物"午休"。

(3)根据实验需要选择合适叶片,一般选无遮挡、受光照条件好的完全展开叶或冠层顶端叶。

(4)叶室环境与外界环境差异较大,植物体需要一定时间适应叶室内的新环境。

实验 3-2 光呼吸测定

［实验目的］

了解 LI-6800 光合仪测定光呼吸的原理；掌握 LI-6800 光合仪的使用方法。

［实验原理］

低 O_2 浓度抑制光呼吸的测量思路：分别在正常 O_2 浓度和低 O_2 浓度下测净光合速率 A，求二者的差值。

［实验器材］

1. 实验材料

作物叶片等。

2. 实验仪器

LI-6800 光合仪等。

［方法与步骤］

1. 正常 O_2 浓度下测定净光合速率

(1)开机，待自检完成后，点击“Environment”标签，进行环境设置。

a)设置流速：流速，On；流速设定值，500 $\mu mol \cdot s^{-1}$；压力，0.1 kPa。

b)设置 H_2O：H_2O，On；RH_air，50%～75%。

不涉及水分胁迫处理的实验，可设置稳定的湿度环境，排除水分对植物气孔行为的影响。

c)设置 CO_2：CO_2注入器，On；苏打，自动清洗；CO_2_s 设定值，400 $\mu mol \cdot mol^{-1}$。

d)设置混合扇：混合扇，On；风扇转速，10 000 $r \cdot min^{-1}$。

e)设置温度：温度，On；T_{leaf}，25 ℃(或根据 T_{air} 设置一个相近温度)。

f)设置光强：设置一个对植物没有光限制的恒定光强(或根据实验目的设置)。

6800-01F 荧光叶室：选择 Fluorometer，控制模式；设定值，1 800 $\mu mol \cdot m^{-2} \cdot s^{-1}$；Color Sepc，r90(90%红光)。

6800-02 红蓝光源叶室：选择 Head LS，控制模式；设定值，1 800 $\mu mol \cdot m^{-2} \cdot s^{-1}$；Color Sepc，r90(90%红光)。

(2)稳定性设置(可以在测量状态下观察参数的实时变化图来确保稳定)(表 3-2-1)。

表 3-2-1　稳定性参数设置对照表

变量	偏限设置	时间/s
CO_2R & CO_2S. Meas	1(使用 CO_2 小钢瓶)	20
H_2OR & H_2OS. Meas	1	20
A. GasEx	1	20
gsw. GasEx	0.1	20

(3)点击“Log Files”标签,设置记录文件和记录选项。

a)设置记录选项:保持默认,检查确保选中“Also log data to Excel file”。如果叶片不能充满叶室,检查屏幕右下角“Check to log as a row”区域,确认“Const S”选框没有被勾选。

b) 设置匹配选项:选择“Always match”。

c) 打开日志文件:按“New Folder→建立数据文件夹(选中并打开)→New File→输入文件名称→OK”操作,然后开始测量。

(4)开始测量:夹上叶片,点击“Measurement”进入测量界面,观察左侧稳定性实时变化图,待数据稳定后,点击“Log”记录数据。完成在正常 O_2 浓度下的净光合速率的测定。

2. 低 O_2 浓度下测定净光合速率

(1)使用低 O_2 瓶(配置减压阀、压力表和流速计),将钢瓶气路连接在光合仪主机背面的进气口或者辅助进气口处。

(2)点击“Environment”标签:如果低 O_2 瓶连接到辅助进气口,流速设置为 Off;如果低 O_2 瓶连接到主进气口,流速设置为 On,流速设定值为 500 $\mu mol \cdot s^{-1}$,压力为 0.1 kPa。其他设置(H_2O、混合扇、CO_2、光强)同正常 O_2 浓度下测定步骤(1)。

(3)点击“Constants”标签,更改 O_2 浓度:2%(根据钢瓶气体实际 O_2 浓度设定)。

(4)夹上正常 O_2 浓度下测定步骤(4)中的样品叶,点击“Measurement”标签,观察左侧稳定性实时变化图,待数据稳定后,点击“Log”记录数据。

(5)测量结束后,依次点击“Log Files→Logging to→Close Log”标签,关闭记录文件。

(6)插入 U 盘,依次点击“Log Files→Export Logs”标签,将数据导出。

(7)计算不同 O_2 浓度下的净光合速率 A 的差值,即植物光呼吸速率的大小。

[注意事项]

(1)同实验 3-1 注意事项(1)~(4)。

(2)低氧气瓶中 O_2 浓度低于 5%,多数文献采用 2% O_2、98% N_2 为系统供气。

(3)氧气瓶进气流速不超过 2.5 $L \cdot min^{-1}$,最大压强不超过 28 kPa。

实验 3-3 光合日动态和季节动态测定

[实验目的]

了解 LI-6800 光合仪测定光合日动态和季节动态的原理;掌握 LI-6800 光合仪的使用方法。

[实验原理]

光合日动态和季节动态分别是作物光合特征在一天、一年的时间尺度内动态变化情况。作物光合作用在自然条件下表现出明显的日变化和季节变化。作物光合作用在全天尺度主要表现为单峰、双峰、三峰 3 种峰型,在全年尺度上表现为夏秋强、春冬弱等特点。研究不同作物光合作用日动态和季节动态变化特征,能够反映作物的遗传特性及其对环境的适应能力,明确作物的生态学特性。

［实验器材］

1. 实验材料

作物叶片。

2. 实验仪器

LI-6800 光合仪。

［方法与步骤］

光合动态测定用 6800-12 透明叶室(3 cm×3 cm)，实验过程中对叶室环境无须进行控制。主机进气口连接缓冲瓶。

(1)开机，待自检完成后，点击“Environment”标签，设置流速和混合扇。

a)设置流速：流速，On；泵转速，Auto；流速设定值，500 μmol・s^{-1}；压力，0.1 kPa。

b) 设置混合扇：混合扇，On；风扇转速，10 000 r・min^{-1}。

c)其他设置：Off。

(2)稳定性设置(可在测量状态下观察参数的实时变化图以确保稳定)(表 3-3-1)。

表 3-3-1　稳定性参数设置对照表

变量	偏限设置	时间/s
CO_2R & CO_2S. Meas	2(不使用 CO_2 小钢瓶)	20
H_2OR & H_2OS. Meas	2	20
A. GasEx	1	20
gsw. GasEx	0.1	20

(3)点击“Log Files”标签，设置记录文件和记录选项。

a)设置记录选项：保持默认，检查确保选中“Also log data to Excel file”。如果叶片不能充满叶室，检查屏幕右下角“Check to log as a row”区域，确认“Const S”选框没有被勾选。

b)设置匹配选项：使用不熟练者选“Only match if”；使用熟练者选“Never match”，每隔 10～20 min 匹配一次。

c)打开日志文件：按“New Folder→建立数据文件夹(选中并打开)→New File→输入文件名称→OK”操作，然后开始测量。

(4)开始测量：夹上叶片，点击“Measurement”进入测量界面，观察左侧稳定性实时变化图，数据稳定后，点击“Log”记录数据。

(5)更换叶片，重复步骤(4)，直到测量完成。

(6)测量结束后，依次点击“Log Files→Logging to→Close Log”标签，关闭记录文件。

(7)插入 U 盘，依次点击“Log Files→Export Logs”标签，将数据导出。

［注意事项］

(1)测定时间宜选在 8:00—18:00，或根据当地日照时间(日出至日落)设定。

(2)夹好叶片，调整叶室角度，使阳光能够直射入叶室内，确保叶室内无阴影。在全天测量过程中，当样品叶出现背阴状态时，则不再考虑此项。

实验 3-4 光合光响应曲线测定

[实验目的]

了解 LI-6800 光合仪测定光合光响应曲线的原理和方法。

[实验原理]

在完全黑暗环境下，光合作用无法进行，叶片对最开始出现的少量光量子吸收的效率最高，而后随着光强的增加，吸收效率降低，最后随着光强的增加，光合速率增加幅度很小或不再增加。因此，光响应曲线的气体交换参数包含暗呼吸速率、光补偿点、量子效率、同化速率的最初斜率、最大净光合速率等信息。

[实验器材]

1. 实验材料

作物叶片。

2. 实验仪器

LI-6800 光合作用测定仪。

[方法与步骤]

快速光响应曲线测定可使用 6800-01F 荧光叶室(圆形，6 cm^2)或 6800-02 红蓝光源叶室(3 cm×3 cm)，并使用 CO_2 钢瓶保证测量过程 CO_2 浓度稳定。

(1)开机，待自检完成后，点击“Environment”标签，进行环境设置。

a)设置流速：流速，On；泵转速，Auto；流速设定值，500 $\mu mol \cdot s^{-1}$；压力，0.1 kPa。

b)设置 H_2O：H_2O，On；RH_air，50%～75%。

不涉及水分胁迫处理的实验，可设置稳定的湿度环境，排除水分对植物气孔行为的影响。

c)设置 CO_2：CO_2注入器，On；CO_2_s 设定值，400 $\mu mol \cdot mol^{-1}$。

d)设置混合扇：混合扇，On；风扇转速，10 000 $r \cdot min^{-1}$。

e)设置温度：温度，On；T_{leaf}，25 ℃(或根据 T_{air} 设置一个相近温度)。

f)设置光强：实验开始前将光强设置为曲线的最大光强。

6800-01F 荧光叶室：选择 Fluorometer，控制模式；设定值，1 800 $\mu mol \cdot m^{-2} \cdot s^{-1}$；Color Sepc，r90(90%红光)。

6800-02 红蓝光源叶室：选择 Head LS，控制模式；设定值，1 800 $\mu mol \cdot m^{-2} \cdot s^{-1}$；Color Sepc，r90(90%红光)。

(2)稳定性设置(可在测量状态下观察参数的实时变化图以确保稳定)表(3-4-1)。

表 3-4-1　稳定性参数设置对照表

变量	偏限设置	时间/s
CO_2R & CO_2S. Meas	1(使用 CO_2 小钢瓶)	20
H_2OR & H_2OS. Meas	1	20
A. GasEx	1	20
gsw. GasEx	0.1	20

(3)点击“Log Files”标签，设置记录文件和记录选项。

a)设置记录选项：保持默认，检查确保选中“Also log data to Excel file”。如果叶片不能充满叶室，检查屏幕右下角“Check to log as a row”区域，确认“Const S”选框没有被勾选。如使用 6800-01F 荧光叶室(圆形，6 cm^2)，且需要同时获取叶绿素荧光参数，依次点击“Fluorometer Options→Flr Action at log→1：F_0F_m(dark) or $F_sF'_m$(light)”标签。

b) 设置匹配选项：选择“Always match”。

c) 打开日志文件：按“New Folder→建立数据文件夹(选中并打开)→New File→输入文件名称→OK”操作，然后开始测量。

(4)开始测量。

a)夹上叶片，点击“Measurement”进入测量界面，观察左侧稳定性实时变化图，待显示稳定后，开始建立自动程序。

b)依次点击“Auto Programs→Light_Response→Qin”标签，从高到低设置光强梯度(例如：1 800、1 500、1 200、900、600、300、200、150、100、70、30、0 $\mu mol \cdot m^{-2} \cdot s^{-1}$)。最小等待时间：120 s；最大等待时间：200 s；勾选“Allow early matching”。

c)点击“Start”开始测量。

(5)图像设置。点击“Measurements”标签，从左下角字母中任选一个，点击“Edit Graphs”，设置纵坐标为 A，横坐标为“Qin”，且坐标尺度设置为“fixed”；A 的范围根据植物光合高低而定，横坐标范围根据光强梯度而定。

(6)测量完成后，依次点击“Log Files→Logging to→Close Log”标签，关闭记录文件。

(7)更换叶片，重复步骤(3) c)～(6)，直到所有样品测量结束。

(8)插入 U 盘，依次点击“Log Files→Export Logs”标签，将数据导出。

[注意事项]

(1)同实验 3-1 注意事项(1)～(4)。

(2)每次夹叶片前应先确保光强为高光强，如 1 800 $\mu mol \cdot m^{-2} \cdot s^{-1}$，然后再夹叶片重复步骤(3)c)～(6)。

(3)快速光响应曲线适用于原本处于高光强环境的作物，如作物处于较低光强，则应先进行光诱导 20～60 min。

(4)作物在光强低于 10 $\mu mol \cdot m^{-2} \cdot s^{-1}$ 的环境下，建议采用慢速光响应曲线，即光强从 0 开始逐步增强，每个梯度都要最少适应 5 min 以上。

实验 3-5 光合 CO_2 响应曲线测定

［实验目的］

了解 LI-6800 光合仪测定光合 CO_2 响应曲线的原理和方法。

［实验原理］

CO_2 响应曲线是一条描述光合作用速率与 CO_2 浓度关系的曲线。在低 CO_2 浓度下，光合作用速率随 CO_2 浓度的增加而增加；当 CO_2 浓度达到一定范围时，光合作用速率就不再随 CO_2 浓度的增加而增加，而呈现平稳的趋势。因为光合作用速率不仅依赖于 CO_2 浓度，还受到光照、温度、植物品种等条件的影响。

［实验器材］

1. 实验材料

作物叶片。

2. 实验仪器

LI-6800 光合作用测定仪。

［方法与步骤］

CO_2 响应曲线可使用 6800-01F 荧光叶室(圆形，6 cm^2)或 6800-02 红蓝光源叶室(3 cm×3 cm)进行测量，使用 CO_2 钢瓶为叶室提供不同浓度 CO_2。

(1)开机，待自检完成后，点击“Environment”标签，进行环境设置。

a)设置流速：流速，On；泵转速，Auto；流速设定值，500 $\mu mol \cdot s^{-1}$；压力，0.1 kPa。

b)设置 H_2O：H_2O，On；RH_air，50%～75%。

不涉及水分胁迫处理的实验，可设置稳定的湿度环境排除水分对植物气孔行为的影响。

c)设置 CO_2：CO_2注入器，On；CO_2_s 设定值，400 $\mu mol \cdot mol^{-1}$。

d)设置混合扇：混合扇，On；风扇转速，10 000 $r \cdot min^{-1}$。

e)设置温度：温度，On；T_{leaf}，25 ℃(或根据 T_{air} 设置一个相近温度)。

f)设置光强：实验开始前将光强设置为曲线的最大光强。

6800-01F 荧光叶室：选择 Fluorometer，控制模式；设定值，1 800 $\mu mol \cdot m^{-2} \cdot s^{-1}$；Color Sepc，r90(90%红光)。

6800-02 红蓝光源叶室：选择 Head LS，控制模式；设定值，1 800 $\mu mol \cdot m^{-2} \cdot s^{-1}$；Color Sepc，r90(90%红光)。

(2)稳定性设置(可在测量状态下观察参数的实时变化图以确保稳定)(表 3-5-1)。

(3)点击“Log Files”标签，设置记录文件和记录选项。

a)设置记录选项：保持默认，检查确保选中“Also log data to Excel file”。如果叶片不能充满叶室，检查屏幕右下角“Check to log as a row”区域，确认“Const S”选框没有被勾选。如使用 6800-01F 荧光叶室(圆形，6 cm^2)，且同时获取叶绿素荧光参数，依次点击“Fluorometer Options→Flr Action at log→1：F_0F_m(dark) or $F_sF'_m$(light)”标签；如不需要获取荧光参数，

则在“Flr Action at log”选择“0. nothing”。

表 3-5-1　稳定性参数设置对照表

变量	偏限设施	时间/s
CO_2R & CO_2S. Meas	1(使用 CO_2 小钢瓶)	20
H_2OR & H_2OS. Meas	1	20
A. GasEx	1	20
gsw. GasEx	0.1	20

b) 设置匹配选项：选择“Always match”。

c) 打开日志文件：按“New Folder→建立数据文件夹(选中并打开)→New File→输入文件名称→OK”操作，然后开始测量。

(4)开始测量。

a)夹上叶片，点击“Measurement”进入测量界面，观察左侧稳定性实时变化图，待显示稳定后，开始建立自动程序。

b)点击“Auto Programs→CO_2_Response”。

CO_2目标：CO_2_r 或 CO_2_s。

设定值：以环境浓度开始，先降低浓度，再返回环境浓度，最后增加至最高浓度(例如：400、300、200、100、50、400、600、800、1 000、1 200、1 500、1 800、2 000 μmol · mol^{-1})。最小等待时间：120 s；最大等待时间：200 s；勾选“Allow early matching”。

c)点击“Start”开始测量。

(5)图像设置。点击“Measurements”标签，从左下角字母中任选一个，点击“Edit Graphs”，设置纵坐标为 A，横坐标为 C_i，且坐标尺度设置为“fixed”；A 的坐标范围根据植物光合高低而定，C_i 坐标范围根据 CO_2 浓度梯度而定。

(6)测量完成后，依次点击“Log Files→Logging to→Close Log”标签，关闭记录文件。

(7)更换叶片，重复步骤(3)c)～(6)，直到所有样品测量结束。

(8)插入 U 盘，依次点击“Log Files→Export Logs”标签，将数据导出。

[注意事项]

(1)同实验 3-1 注意事项(1)～(4)。

(2)CO_2响应曲线设置的光强与植物当时所处光环境相近时，无须光诱导；否则需要进行光诱导。

(3)一般 CO_2 响应曲线采用 A-C_i(即同化量-胞间 CO_2 浓度)进行数据分析，可消除边界层导度和气孔导度对结果的影响，但忽略了叶肉导度的影响；可通过 A-C_c(即同化量-叶绿体 CO_2 浓度)进行 CO_2 响应曲线的数据分析来消除叶肉导度的影响。

实验 3-6 植被光谱测定

[实验目的]

了解推扫式高光谱成像仪测定作物群体植被参数的原理和方法。

[实验原理]

推扫式高光谱成像仪利用线阵列探测器进行扫描，利用色散元件和面阵探测器完成光谱扫描，从而获得扫描区域的光谱图像，然后通过软件进行植被光谱分析，可简单度量绿色植被的数量、生长状况、叶绿素含量，冠层结构、氮相对含量和水分含量，入射光利用效率、纤维素和木质素碳含量等参数。

[实验器材]

1. 实验材料

农田作物群体。

2. 实验仪器

光谱仪(Resonon /Pika XC2)等。

[方法与步骤]

1. 加载仪器和平台

组装扫描系统平台(图 3-6-1)，当相机和扫描系统都连接到计算机后，双击“Spectronon-Pro”图标启动数据采集软件，确认成像仪和平台控制被启用。如果仪器意外断开或软件卡死导致 Pika XC2 仪器和 Stage 平台没有被正确加载，可直接重启软件或点击“Spectrometer＞Reload Imager”和“Spectrometer＞Reload Stage”。

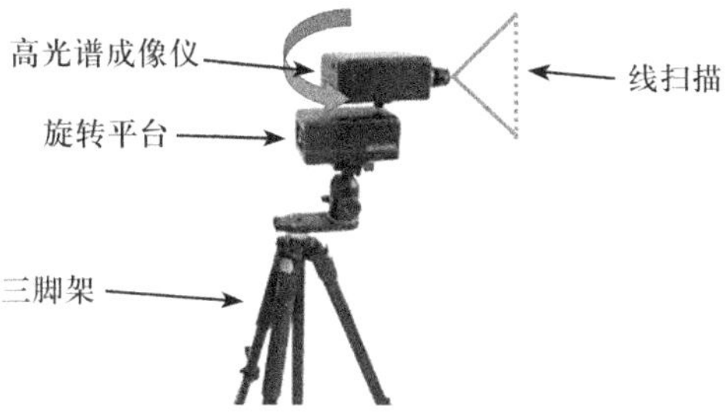

图 3-6-1 野外现场安装图

2. 曝光时间设置及相机控制

自动曝光选项可以使软件根据当时照明条件进行曝光设置。将参考板置于成像仪视场中，点击“Spectrometer＞Auto Exposure”即可，或使用工具栏“Exposure”按钮。相机快门会根据照明条件进行自动调节，以保证图像中没有饱和像素(需确认相机镜头对着反射率校准片)。

3. 平台设置

点击“SpectrononPro”工具栏“Jog Stage” 按钮，手动移动平台。移动平台到中间，使其位于成像光谱仪下面。点击工具面板“Stage”或者“File→Preferences→Stage”选项卡，可以进一步控制平台。

4. 物镜调焦

将物镜对 Pika XC2 成像光谱仪聚焦。点击“SpectrononPro”工具栏中的“Focus”按钮，显示来自成像仪相机的实时图像。将具有多个明暗特征的物体(或带有黑色线条的纸张)置于 Pika XC2 成像光谱仪的视场中，松开对焦调节器(对于施耐德镜头，使用六角扳手松开物镜上的金属锁环)，旋转物镜，直到目标物的黑色线条清晰度最大。完成聚焦后，重新拧紧对焦调节器的锁环，然后再次点击“Focus”按钮，关闭相机实时取景。

5. 去除暗电流并设置反射参考

点击“SpectrononPro”工具栏中的“Dark Current”按钮。窗口会提示遮挡物镜以阻挡光线进入光谱仪。用镜头帽遮盖镜头后，点击“OK”。SpectrononPro 会采集多个暗场，并利用这些值减掉测量值中的暗电流噪声。暗场采集完后，工具栏中的“Dark Current”按钮会显示红色对钩，可打开物镜。点击“SpectrononPro”工具栏中的“Response Correction Cube ”按钮。窗口会提示将参考物质放置在成像仪的视野中，可使用“Spectralon®”或者“Teflon”白片作为参考物。参考物放置好后，点击“OK”，会触发对参考物的快速扫描。完成扫描后，“Response Correction Cube”按钮显示红色对钩。完成暗电流和反射率参考校正后，成像仪将保持校准状态，直到用户关闭仪器。

6. 调节宽高比

在扫描按钮左侧的窗口可以输入想要扫描的行数，初始值可以选择 200。点击扫描按钮，“SpectrononPro”的图像面板中显示类似瀑布的图像，可随意增加或减少扫描的行数。图像扫描完成后，可在图像上使用“Spectronon”的所有查看和分析工具。

7. 采集和保存数据

采集高光谱数据(图像)，在扫描按钮左侧窗口输入想要扫描的行数，然后点击扫描按钮进行数据采集。

保存扫描数据(图像)，用鼠标选中“Current Scan”，点击右键或者选择菜单“Data Cube>Save Cube”。打开一个新窗口，对高光谱数据命名并选择保存路径。

[注意事项]

(1)测量物体的绝对反射率，需要对照明条件进行校正。

(2)如果高速采集数据时观察到损坏或裂开的图像，可能需减小数据采集速度。

实验 3-7　叶绿素荧光测定

[实验目的]

了解叶绿素荧光仪的测定原理；掌握叶绿素荧光仪 PAM-2500 的操作方法。

[实验原理]

调制式荧光仪光源包括调制的测量光、非调制的光化光、饱和脉冲光及远红光，其信号检测采用选频放大或锁相放大技术。高频率开关荧光光源，检测器选择性放大，仅检测被调制光激发的荧光，可在田间即使阳光存在的情况下测定相对荧光产额。

[实验器材]

1. 实验材料

作物植株。

2. 实验仪器

PAM-2500 荧光仪。

[方法与步骤]

1. 让待测植株叶片经过一个充分的暗适应过程，白天一般需 15～30 min，最好是经过一个黑夜。

2. 给经过充分暗适应的叶片照射测量光，荧光水平稳定后得荧光参数 F_o，接着给饱和脉冲光，一个脉冲后关闭，得荧光参数 F_m，进而得荧光参数 F_v/F_m，即光系统Ⅱ(PSⅡ)的潜在光化学效率。

3. 打开可以引起叶片光合作用的光化光，一般光量子通量密度为几百 $\mu mol \cdot m^{-2} \cdot s^{-1}$(因植物生长条件或实验目的不同而异)，叶片光合作用在数十分钟后达到稳态，得稳态荧光 F_s。再给饱和脉冲光，一个脉冲后关闭，得荧光参数 F_m'，于是可计算光化光存在时 PSⅡ的实际量子效率 ΦPsⅡ和荧光的非光化学猝灭系数 NPQ。

4. 关闭光化光，立即打开远红光，几秒钟后关闭，得荧光参数 F_o'，可计算荧光的光化学猝灭系数 qP，即$(F_m'-F_s)/(F_m'-F_o')$。

[注意事项]

(1)多数荧光仪的光源和光信号通过光缆传输，使用过程中须保护光缆，不能折放。

(2)光缆上探头与叶片的距离不同会影响测量结果，故须将探头固定在叶片上。

(3)光强对测量结果有较大影响，故须保证叶片的受光强度和角度一致。

参考文献

北京力高泰科技有限公司，2018. LI-6800 实验手册 version 1.3.4.

边慧杰，2019. 水稻水通道蛋白 OsPIP1;3 生理与病理功能转换：硕士论文．南京：南京农业大学．

刘娟，梁军生，陈晓鸣，等，2009. 思茅松干季光合生理日动态及光响应特征分析．林业科学研究，22(5)：677-682.

许大全，2013. 光合作用学．北京：科学出版社．

颜佳宁，2019. 荷花施用微肥及缓释肥的效果研究：硕士论文．南京：南京农业大学．

叶子飘，2010. 光合作用对光和 CO_2 响应模型的研究进展．植物生态学报，34(6)：727-740.

泽泉科技有限公司,2010. 便携式调制叶绿素荧光仪 PAM-2500 操作手册 .

泽泉科技有限公司,2017. Resonon_PIKA 操作手册 .

S von Caemmerer,2013. Steady-state models of photosynthesis. Plant Cell and Environment,36(9): 1617-1630.

Yang W Q ,Murthy R ,King P ,et al,2002. Diurnal changes in gas exchange and carbon partitioning in needles of fast- and slow-growing families of loblolly pine (*Pinus taeda*). Tree Physiology,22(7):489-498.

第 4 章 作物代谢组分测定

植物代谢是植物利用太阳能和无机物质合成有机物供其生命活动所需，同时排除废物和多余能量的过程。植物代谢按照遗传基因潜势，在环境条件制约下有序地进行，随着发育进程而形成不同器官，合成不同物质。主要初生代谢产物有糖类、脂类、蛋白质和核酸等，次生代谢产物有酚类、生物碱类、挥发油类、黄酮类、醛类、酯类等物质。

实验 4-1 糖分含量测定

Ⅰ 总糖

［实验目的］

了解总糖的测定原理和方法。

［实验原理］

试样中水溶性糖和水不溶性多糖经 HCl 水解后转化成还原糖，与 3,5-二硝基水杨酸共热后生成棕红色的氨基化合物，在波长 520 nm 处测定吸光度，吸光度值与还原糖含量呈正比。

［实验器材］

1. 实验材料

作物叶片或种子。

2. 实验器具

分光光度计、离心机、恒温水浴锅、分析天平(0.000 1 g)、移液器、振荡器等。

3. 实验试剂

(1)D101 型大孔吸附树脂。

(2)10% HCl 溶液：取 27 mL HCl，加蒸馏水定容至 100 mL。

(3)10% NaOH 溶液：称取 100 g NaOH，加蒸馏水溶解并稀释至 1 000 mL。

(4)30% NaOH 溶液：称取 30 g NaOH，加蒸馏水定容至 100 mL。

(5)1% 3,5-二硝基水杨酸溶液：称取 10 g 3,5-二硝基水杨酸，加蒸馏水溶解并定容至 1 000 mL。

(6)显色剂(DNS 试剂)：将下述甲液与乙液混合摇匀，贮于棕色试剂瓶中，室温放置 7 d

后方可使用。

a) 甲液：称取 6.9 g 结晶苯酚溶于 15.2 mL NaOH 溶液中，稀释至 69 mL，再加入 6.9 g $NaHSO_3$ 溶解，混匀。

b) 乙液：称取 255 g $NaKC_4H_4O_6$ 溶于 300 mL NaOH 溶中，再加入 880 mL 3,5-二硝基水杨酸溶液中，混匀。

(7)葡萄糖标准品($C_6H_{12}O_6$)：≥99.5%。

(8)1 mg · mL^{-1} 葡萄糖标准溶液：称取 10 mg 葡萄糖标准品，加少量蒸馏水溶解并定容至 10 mL，摇匀，备用(现用现配)。

(9)碘化钾-碘($KI\text{-}I_2$)溶液：称取 1 g I_2 和 10 g KI 溶于 50 mL 蒸馏水中，再加 2 mL HAc，加蒸馏水稀释至 100 mL。

(10)0.1%酚酞指示剂：称取 0.1 g 酚酞，加 95%乙醇溶解并稀释至 100 mL。

[方法与步骤]

1. 样品制备

取代表性样品约 100 g，用粉碎机粉碎至通过 0.25 mm 孔径筛，装入样品瓶备用。

2. 样品处理

称取 1 g 试样至 50 mL 具塞刻度试管中，量入 25 mL HCl 溶液，在沸水浴中加热 20 min 后，用 $KI\text{-}I_2$ 溶液检查水解程度。水解完全冷却后将其全部转移至 100 mL 锥形瓶中，加入 0.5 mL 0.1%酚酞指示剂，用 NaOH 溶液中和至溶液呈红色。加入 5 g D101 型大孔吸附树脂，在涡旋振荡器上振荡 50 min 后过滤，加蒸馏水定容至 100 mL。吸取 10 mL 上述溶液至 100 mL 容量瓶中，加蒸馏水稀释至刻度，即为试样测试液。

3. 标准曲线绘制

分别吸取 0、0.2、0.4、0.6、0.8、1.0、1.2、1.4 mL 葡萄糖标准溶液至 25 mL 具塞刻度试管中，即标准溶液葡萄糖含量相当于 0、0.2、0.4、0.6、0.8、1.0、1.2、1.4 mg，加水至 2 mL，加入 2 mL DNS 试剂；然后将试管放入沸水浴中加热 6 min，立即在冰水中冷却后，转移至 25 mL 容量瓶中，定容摇匀；用分光光度计在波长 520 nm 处测定吸光度，以葡萄糖含量为横坐标，吸光度为纵坐标，绘制标准曲线。

4. 样品测定

吸取 1 mL 待测液于 25 mL 具塞刻度试管中，按标准曲线绘制“加水至 2mL”以下步骤操作。以空白溶液调零，分别测定吸光度值，根据回归方程计算相应的糖含量。

5. 结果计算

试样中总糖(以葡萄糖计)含量以质量分数(ω)表示，按式(4-1-1)计算。

$$\omega=\frac{m_1\times V\times f\times 10^{-3}}{m\times V_1}\times 100\% \qquad (4\text{-}1\text{-}1)$$

式中：m_1—根据标准曲线计算的葡萄糖量(mg)；

V —试样的定容体积(mL)；

V_1—比色测定时移取试样待测液的体积(mL)；

f—试样的稀释倍数；

m—试样的质量(g)。

［注意事项］

水解程度判断依据：取 1 滴水解液于白瓷板上，加入 1 滴 KI-I_2 溶液，若不显蓝色，则已水解完全；如显蓝色，则未水解完全，继续水解，每 2 min 检查 1 次水解程度，直至不显蓝色。

Ⅱ　可溶性糖

［实验目的］

掌握蒽酮法测定可溶性糖的原理和方法。

［实验原理］

糖类在 H_2SO_4 作用下脱水生成糠醛或羟甲基糠醛，与蒽酮经脱水缩合生成蓝绿色络合物，颜色深浅与糖含量呈正相关。呈色强度随时间变化，应在反应后立即比色测定。该方法适用于糖的微量测定。

［实验器材］

1. 实验材料

作物叶片或种子。

2. 实验器具

分光光度计、离心机、恒温水浴锅、分析天平(0.000 1 g)、烘箱、移液器、三角瓶、离心管、容量瓶、漏斗、具塞试管等。

3. 实验试剂

(1)活性炭、80%乙醇。

(2)100 $\mu g \cdot mL^{-1}$ 葡萄糖标准液：称取 100 mg 无水葡萄糖，溶于蒸馏水并定容至 1 000 mL。

(3)蒽酮试剂：称取 1.0 g 蒽酮，溶于 1 000 mL 80% H_2SO_4(将 98% H_2SO_4 稀释，把 H_2SO_4 缓缓加入蒸馏水中)，冷却至室温，贮于具塞棕色瓶内，置于冰箱中保存，可使用 2～3 周。

［方法与步骤］

1. 样品提取

称取烘干试样粉末 50 mg 至 50 mL 三角瓶中，加入 10 mL 80%乙醇，于 80 ℃水浴并搅拌 40 min，冷却后 6 000 $r \cdot min^{-1}$ 离心 10 min，收集上清液。将残渣加入 5 mL 80%乙醇重复提取 2 次，再次离心，合并上清液。加入 10 mg 活性炭，80 ℃水浴 30 min，过滤至 25 mL 容量瓶中，用 80%乙醇定容，取滤液测定。

2. 标准曲线绘制

取 7 支 20 mL 具塞试管，编号并按表 4-1-1 配制系列浓度葡萄糖标准液。

表 4-1-1 可溶性糖标准曲线制作

试剂	管号						
	0	1	2	3	4	5	6
100 $\mu g \cdot mL^{-1}$ 葡萄糖标准液体积/mL	0	0.1	0.2	0.4	0.6	0.8	1.0
80%乙醇体积/mL	1.0	0.9	0.8	0.6	0.4	0.2	0
葡萄糖含量/μg	0	10	20	40	60	80	100

每支试管加入 5 mL 蒽酮试剂,盖塞混匀后,沸水浴 10 min(水浴重沸后计时),取出冷却至室温,用分光光度计测定 625 nm 波长下 OD 值(OD_{625})。用 0 号管调零,绘制葡萄糖质量浓度-OD_{625} 标准曲线。

3. 样品测定

吸取糖提取液 1 mL,加入 5 mL 蒽酮试剂混匀,同上操作显色测定 OD_{625},由标准曲线查得提取液中的糖含量。

4. 结果计算

$$可溶性糖含量=\frac{C\times V_t}{V_s\times W\times 10^6}\times 100\% \tag{4-1-2}$$

式中:C —从标准曲线查得葡萄糖量(μg);

V_t—样品提取液总体积(mL);

V_s—显色样品提取液用量(mL);

W—样品质量(g)。

[注意事项]

(1)不同糖类显色有差异,稳定性也不同,加热、比色时间应严格控制。

(2)为避免提取液中色素干扰测定,可用少量活性炭脱色,但该处理往往会影响实验结果的正确性,故活性炭用量应尽可能少。

Ⅲ 还原糖

[实验目的]

掌握 3,5-二硝基水杨酸法测定作物组织中还原糖含量的原理和方法。

[实验原理]

3,5-二硝基水杨酸与还原糖溶液共热后被还原成氨基化合物,在过量 NaOH 溶液中呈棕红色,在 540 nm 波长有最大吸收。在一定浓度范围内,还原糖的量和棕红色物质的 OD_{540} 呈线性关系,可用分光光度计测定试样含糖量。

［实验器材］

1. 实验材料

作物叶片或种子。

2. 实验器具

分光光度计、离心机、恒温水浴锅、分析天平(0.000 1 g)、烘箱、移液器、三角瓶、离心管、容量瓶、漏斗、具塞刻度试管等。

3. 实验试剂

(1)活性炭、80%乙醇。

(2)1 mg·mL^{-1} 葡萄糖标准液:称取 0.10 g 分析纯无水葡萄糖溶于蒸馏水中,溶解后定容至 100 mL。

(3)3,5-二硝基水杨酸试剂(DNS 试剂):将 6.30 g 3,5-二硝基水杨酸和 262 mL 2 mol·L^{-1} NaOH (80 g·L^{-1})溶液加到 500 mL 含有 185 g $NaKC_4H_4O_6$ 的溶液中,再加 5 g 结晶酚和 5 g Na_2SO_3,搅拌溶解,冷却后加蒸馏水定容至 1 000 mL,贮于棕色瓶中备用(提前 7 d 配制使其充分稳定)。

［方法与步骤］

1. 样品提取

参见实验 4-1 中Ⅱ可溶性糖测定“样品提取”步骤。

2. 标准曲线绘制

取 7 支 25mL 具塞刻度试管,编号并按表 4-1-2 配制 0～1.2 mg 葡萄糖标准液。

表 4-1-2　还原糖标准曲线制作

试剂	管号						
	0	1	2	3	4	5	6
1 mg·mL^{-1} 葡萄糖标准液体积/mL	0	0.2	0.4	0.6	0.8	1.0	1.2
80%乙醇体积/mL	2	1.8	1.6	1.4	1.2	1.0	0.8
DNS 试剂体积/mL	1.5	1.5	1.5	1.5	1.5	1.5	1.5
葡萄糖含量/mg	0	0.2	0.4	0.6	0.8	1.0	1.2

摇匀后沸水浴加热 5 min,立即取出用自来水冷却,然后用蒸馏水定容至 25 mL,混匀后于 540 nm 波长下比色。以 0 号管调零,绘制葡萄糖质量浓度-OD_{540} 标准曲线。

3. 样品测定

吸取提取液 2 mL,加入 1.5 mL DNS 试剂混匀,同上操作显色测定 OD_{540},由标准曲线查得提取液中的糖含量。

4. 结果计算

$$\text{还原糖含量}=\frac{C\times V_t}{V_s\times W\times 10^3}\times 100\% \quad (4\text{-}1\text{-}3)$$

式中：C —从标准曲线查得葡萄糖量(mg)；

V_t—样品提取液总体积(mL)；

V_s—显色样品提取液用量(mL)；

W—样品质量(g)。

[注意事项]

同实验 4-1 中Ⅱ可溶性糖含量测定。

Ⅳ 蔗糖

[实验目的]

掌握作物组织中蔗糖含量测定的原理和方法。

[实验原理]

将磨碎后的作物组织用 80%乙醇抽提，该提取液与碱共热，其中的还原糖被破坏。酮糖(蔗糖)在一定条件下与间苯二酚($C_6H_6O_2$)形成鲜红色物质，在 480 nm 波长处可比色测定。

[实验器材]

1. 实验材料

作物叶片或种子。

2. 实验器具

分光光度计、离心机、恒温水浴锅、分析天平(0.000 1 g)、烘箱、移液器、三角瓶、离心管、容量瓶、漏斗、具塞试管等。

3. 实验试剂

(1)活性炭、30% HCl、80%乙醇。

(2)2 mol·L^{-1} NaOH 溶液：称取 80 g NaOH，用蒸馏水溶解并定容至 1 000 mL。

(3)200 μg·mL^{-1} 蔗糖标准液：称取 0.10 g 蔗糖，用 80%乙醇溶解并定容至 500 mL。

(4)0.1% $C_6H_6O_2$：称取 0.10 g $C_6H_6O_2$，溶于 100 mL 95%乙醇溶液，贮于棕色瓶内保存。

[方法与步骤]

1. 样品提取

参见实验 4-1 中Ⅱ可溶性糖测定“样品提取”步骤。

2. 标准曲线绘制

将 200 μg·mL^{-1}蔗糖标准液用 80%乙醇稀释成 0、10、20、40、60、80、100 μg·mL^{-1} 系列溶液，分别取 0.4 mL 上述溶液于具塞试管中，加入 200 μL 2 mol·L^{-1} NaOH，100 ℃沸水浴 5 min。冷却后分别于各管中加入 2.8 mL 30% HCl 和 0.8 mL 0.1% $C_6H_6O_2$，摇匀，80 ℃水浴反应 10 min，冷却后在 480 nm 处测定 OD 值。以 0 管作空白调零，绘制蔗糖质量浓度-OD_{480} 标准曲线。

3. 样品测定

取提取液 0.4 mL,按上述步骤进行蔗糖含量的测定,读取 OD_{480},由标准曲线查得提取液中蔗糖含量。

4. 结果计算

$$蔗糖含量=\frac{C\times V_t}{V_s\times W\times 10^6}\times 100\% \quad (4\text{-}1\text{-}4)$$

式中:C —从标准曲线查得蔗糖量(μg);

V_t—样品提取液总体积(mL);

V_s—显色样品提取液用量(mL);

W—样品质量(g)。

[注意事项]

同实验 4-1 中Ⅱ可溶性糖测定。

Ⅴ 葡萄糖

[实验目的]

掌握作物组织中葡萄糖测定的原理和方法。

[实验原理]

葡萄糖氧化酶专一性催化氧分子对葡萄糖的氧化,形成葡糖酸和 H_2O_2。H_2O_2 在过氧化物酶存在下,可使某些氢供体如邻联茴香胺发生氧化形成一种有色物质。在一定浓度范围内,葡萄糖含量与生成物颜色深浅成正比,可用分光光度计测定。

[实验器材]

1. 实验材料

作物叶片或种子。

2. 实验器具

分光光度计、离心机、恒温水浴锅、分析天平(0.000 1 g)、烘箱、移液器、三角瓶、离心管、容量瓶、漏斗、具塞试管等。

3. 实验试剂

(1)活性炭、80%乙醇。

(2)10 mol·L^{-1} H_2SO_4:量取 54.37 mL 98% H_2SO_4,缓缓倒入蒸馏水中,冷却后定容至 100 mL。

(3)酶制剂:取 10 mg 邻联茴香胺-HCl(有毒)、10 mg 辣根过氧化物酶和 0.1 mL 葡萄糖氧化酶(1 000 U·mL^{-1},溶于 0.1 mol·L^{-1} pH 5.5 醋酸缓冲液),用蒸馏水定容至 100 mL。

(4)200 μg·mL^{-1} 葡萄糖标准液:称取 20 mg 无水葡萄糖(80 ℃烘至恒重),用 80%乙醇溶解并定容至 100 mL,放入冰箱中保存,使用前 1 h 取出回升至室温。

［方法与步骤］

1. 样品提取

参见实验 4-1 中Ⅱ可溶性糖测定“样品提取”步骤。

2. 标准曲线绘制

将 200 μg · mL^{-1} 葡萄糖标准液用 80%乙醇稀释成系列（0、15、30、50、75、100、150、200 μg · mL^{-1}）浓度溶液。取 8 支 20 mL 具塞试管，分别加入 4 mL 酶制剂，30 ℃水浴至管中酶液温度上升达到平衡。然后分别加入 2 mL 上述系列浓度葡萄糖标准液，摇匀，保温 5 min（注意掌握时间），加入 8 mL 10 mol · L^{-1} H_2SO_4 停止反应。当各管温度与室温平衡后，以 0 管调零，测定 460 nm 处 OD 值，绘制葡萄糖质量浓度-OD_{460} 标准曲线。

3. 样品测定

以植物提取液代替葡萄糖标准液，按上述步骤进行葡萄糖含量的测定，读取 OD_{460}，从标准曲线查得提取液中的葡萄糖含量。

4. 结果计算

$$\text{葡萄糖含量}=\frac{C\times V_t}{V_s\times W\times 10^6}\times 100\% \qquad (4\text{-}1\text{-}5)$$

式中：C —从标准曲线查得葡萄糖量（μg）；

V_t—样品提取液总体积（mL）；

V_s—显色样品提取液用量（mL）；

W—样品质量（g）。

［注意事项］

同实验 4-1 中Ⅱ可溶性糖测定。

Ⅵ 果糖

［实验目的］

掌握作物组织中果糖含量测定的原理和方法。

［实验原理］

果糖能与间苯二酚共热呈现颜色变化，而其他酮糖的该反应很迟钝，可利用这个原理进行果糖的测定。

［实验器材］

1. 实验材料

植物材料。

2. 实验器具

分光光度计、离心机、恒温水浴锅、分析天平（0.000 1 g）、烘箱、移液器、三角瓶、离心管、容量瓶、漏斗、具塞试管等。

3. 实验试剂

(1)活性炭、80%乙醇。

(2)200 μg·mL^{-1} 果糖标准液：称取100 mg烘至恒重的果糖，用80%乙醇溶解并定容至500 mL。

(3)0.1%间苯二酚：称取0.1 g间苯二酚溶于100 mL 95%乙醇中，转入棕色瓶内保存。

[方法与步骤]

1. 样品提取

参见实验4-1中Ⅱ可溶性糖测定“样品提取”步骤。

2. 标准曲线绘制

取200 μg·mL^{-1}果糖标准液用80%乙醇稀释成系列(0、15、30、50、75、100、150、200 μg·mL^{-1})浓度溶液。取8支10 mL具塞试管，分别加入1 mL上述系列浓度果糖标准液、2 mL 30% HCl、1 mL 0.1%间苯二酚及1 mL H_2O，摇匀后于80 ℃水浴反应10 min。取出冷却至室温，以0管调零，测定480 nm处OD值，绘制果糖质量浓度-OD_{480}标准曲线。

3. 样品测定

以植物提取液代替果糖标准液，按上述步骤进行果糖含量的测定，读取OD_{480}，从标准曲线查得提取液中的果糖含量。

4. 结果计算

$$\text{果糖含量}=\frac{C\times V_t}{V_s\times W\times 10^6}\times 100\% \tag{4-1-6}$$

式中：C —从标准曲线查得果糖量(μg)；

V_t—样品提取液总体积(mL)；

V_s—显色样品提取液用量(mL)；

W—样品质量(g)。

[注意事项]

同实验4-1中Ⅱ可溶性糖含量的测定。

实验4-2 淀粉含量测定

Ⅰ 总淀粉

[实验目的]

掌握作物组织中总淀粉含量测定的原理和方法。

[实验原理]

淀粉是由葡萄糖残基组成的多糖，在酸性条件下加热水解为葡萄糖，然后在H_2SO_4的作用下，单糖脱水生成糠醛类化合物，可利用蒽酮试剂（或苯酚）与糠醛化合物的显色反应进行比色测定。

［实验器材］

1. 实验材料

植物材料。

2. 实验器具

分光光度计、分析天平(0.000 1 g)、电炉、容量瓶、漏斗、试管、刻度试管等。

3. 实验试剂

(1)H_2SO_4。

(2)9.2 mol·L^{-1} $HClO_4$：量取 750.17 mL 70% $HClO_4$，用蒸馏水稀释至 1 000 mL。

(3)0.1%蒽酮试剂：称取 100 mg 经过纯化的蒽酮，溶于 100 mL 76% H_2SO_4 溶液，贮藏在棕色瓶中。（现配现用）

(4)100 μg·mL^{-1} 淀粉标准液：称取 100 mg 纯淀粉，转入 100 mL 容量瓶中，加 60～70 mL 热蒸馏水，沸水浴 30 min，冷却后用蒸馏水定容至刻度，得 1 mg·mL^{-1} 淀粉溶液。吸取该溶液 10 mL 至 100 mL 容量瓶并定容，得 100 μg·mL^{-1} 淀粉标准液。

［方法与步骤］

1. 样品提取

称取提取可溶性糖以后的残渣 0.5 g 至 50 mL 容量瓶中，加 20 mL 蒸馏水，沸水浴 15 min。再加入 2 mL 9.2 mol·L^{-1} $HClO_4$ 提取 15 min，冷却后混匀，过滤至 50 mL 容量瓶中，并用蒸馏水定容至刻度。

2. 标准曲线绘制

用淀粉标准液配制 0、20、40、60、80、100 μg·mL^{-1} 系列浓度淀粉溶液，分别吸取 1 mL 至 6 支试管中，各加蒽酮试剂 5 mL，混匀，沸水浴 10 min，冷却后于分光光度计 625 nm 波长下测定 OD 值，然后绘制淀粉质量浓度-OD_{625} 标准曲线。

3. 样品测定

取样品提取液 1 mL 加入试管，按标准曲线绘制方法进行显色和比色，然后从标准曲线查得提取液淀粉含量。

4. 结果计算

$$\text{淀粉含量}=\frac{C\times V_1\times 0.9}{V_2\times W\times 10^6}\times 100\% \qquad (4\text{-}2\text{-}1)$$

式中：C —从标准曲线查得淀粉含量(μg·mL^{-1})；

V_1—样品提取液体积(mL)；

V_2—显色样品提取液用量(mL)；

W—样品质量(g)；

系数 0.9 是由于淀粉水解时吸收了 n 个水分子，而水分子量占葡萄糖分子量的 10%。

[注意事项]

淀粉水解完全度检验：在酸解过滤后，取残渣加 2 mL 水，搅拌均匀，吸 2 滴搅拌液于白瓷盘上，加 2 滴 KI-I_2 溶液，显微镜下观察，若出现蓝紫色颗粒，证明水解不完全，待测试样应再加 $HClO_4$ 水解，直至不出现蓝紫色为止。

Ⅱ 直链淀粉

[实验目的]

掌握作物组织中直链淀粉含量测定的原理和方法。

[实验原理]

直链淀粉与碘作用产生纯蓝色物质，在波长 620 nm 下有最大吸收，可用分光光度计进行测定。

[实验器材]

1. 实验材料

稻米粉。

2. 实验器具

分光光度计、分析天平(0.000 1 g)、水浴锅、移液器、容量瓶等。

3. 实验试剂

(1)95%乙醇。

(2)1.0 mol·L^{-1} NaOH 溶液：称取 40 g NaOH，用蒸馏水溶解，冷却后定容至 1 000 mL。

(3)0.09 mol·L^{-1} NaOH 溶液：取 90 mL 1.0 mol·L^{-1} NaOH 溶液，用蒸馏水稀释至 1 000 mL。

(4)KI-I_2 溶液：称取 2.0 g I_2 和 20.0 g KI，用蒸馏水溶解并定容至 1 000 mL。

(5)1.0 mol·L^{-1} HAc 溶液：量取 57.8 mL HAc，用蒸馏水稀释至 1 000 mL。

[方法与步骤]

1. 样品提取

准确称量过 100 目筛稻米粉 0.100 0 g，置于 100 mL 容量瓶中，加入 1.0 mL 95%乙醇，轻摇容量瓶，使样品湿润分散。加入 9.0 mL 1.00 mol·L^{-1} NaOH 溶液，使碱液沿颈壁缓慢流下，旋转容量瓶，使碱液冲洗黏附于瓶壁上的样品。将容量瓶置于沸水中煮 10 min 后取出，冷却至室温后加蒸馏水定容，待测。

2. 样品测定

吸取 5.0 mL 样品溶液，加入已盛有半瓶蒸馏水的 100 mL 容量瓶中，再分别加入 1.0 mL 1.00 mol·L^{-1} HAc 溶液和 1.50 mL 碘液，充分摇匀，用蒸馏水定容，静置 20 min。以 5 mL 0.09 mol·L^{-1} NaOH 溶液代替样品，配制空白溶液，然后在波长 620 nm 下比色测定 OD 值。根据标准曲线直接读出样品直链淀粉含量。

3. 标准曲线绘制

称取高、中、低已知直链淀粉含量的标准样品各 0.100 0 g，按上述方法与待测样品同时进行测定，绘制直链淀粉质量浓度-OD_{625} 标准曲线。

[注意事项]

(1)稻米样品的直链淀粉含量以直链淀粉占样品干重的百分比表示，重复测定结果相对相差应小于 1%。

(2)可采用近红外谷物品质分析仪(福斯 Infratec™ 1241)无损快速测定禾谷类作物种子直链淀粉含量。

实验 4-3　粗纤维含量测定

[实验目的]

掌握作物组织中粗纤维含量测定的原理和方法。

[实验原理]

测定粗纤维须用硫酸、碱、乙醇、乙醚相继处理样品。硫酸水解某些不溶解的糖类，碱能使蛋白质转变成可溶态，并除去脂肪及溶解不能被酸溶解的半纤维素和某些木质素。乙醇和乙醚能抽提出树脂、单宁、色素及剩余脂肪和蛋白质。

[实验器材]

1. 实验材料

作物叶片或果实。

2. 实验器具

分析天平(0.000 1 g)、烘箱、容量瓶、称量瓶、三角烧瓶、漏斗等。

3. 实验试剂

(1)80%乙醇。

(2)1.25% NaOH：称取 1.25 g NaOH，用蒸馏水溶解并定容至 100 mL。

(3)1.25% H_2SO_4 溶液：量取 13 mL H_2SO_4(d=1.84)，加水稀释至 1 L。

[方法与步骤]

(1)称取 1～3 g 粉碎的植物材料，无损地倒入三角烧瓶。

(2)将 200 mL 1.25% H_2SO_4 倒入瓶中，沸腾后继续加热 30 min，每隔 5 min 向瓶内倒入沸水至 200 mL 刻度线，以保持酸浓度恒定。到达时间后，用带有已知质量滤纸的漏斗过滤，并用热蒸馏水冲洗烧杯及漏斗，直至滤液用石蕊试纸测定为中性反应为止。

(3)用 1.25% NaOH 溶液将滤纸上的沉淀物完全洗入瓶内，加热至沸腾后继续加热 30 min，操作同上。到达时间后冷却，用原来所用已知质量的滤纸过滤，用蒸馏水冲洗 2～3 次，再用乙醇冲洗 2～3 次直至滤液无色。

(4)将滤纸和沉淀放入以前称过这张滤纸的称量瓶中,在 100～105 ℃烘箱中烘至恒重并称重。

(5)结果计算

$$粗纤维含量=\frac{W_2-W_1}{W_s}\times 100\% \quad (4\text{-}3\text{-}1)$$

式中:W_s—植物样品质量(g);

W_1—滤纸质量(g);

W_2—滤纸及纤维质量(g);

W_2-W_1—粗纤维的质量(g)。

[注意事项]

加热时为防止剧烈沸腾,应连续搅拌。

实验 4-4　蛋白质含量测定

Ⅰ　考马斯亮蓝染料法

[实验目的]

掌握考马斯亮蓝染料法测定蛋白质含量的原理与方法。

[实验原理]

在酸性溶液中,考马斯亮蓝 G-250 染料与蛋白质结合,颜色从红色变为蓝色,在 2 min 左右时间内达到平衡,蛋白质-色素结合物在室温下 1 h 内保持稳定。在 0～1 000 $\mu g \cdot mL^{-1}$ 蛋白质浓度范围内,结合物在 595 nm 波长下的光吸收与蛋白质含量成正比,故可用于微克级蛋白质含量测定。

[实验器材]

1. 实验材料

作物叶片等。

2. 实验器具

分光光度计、分析天平(0.000 1 g)、移液器、试管等。

3. 实验试剂

(1)100 $\mu g \cdot mL^{-1}$ 牛血清蛋白(BSA) 标准液:称取 100 mg BSA 溶于 100 mL 蒸馏水,即得 1 000 $\mu g \cdot mL^{-1}$ 标准液;量取 10 mL 该溶液,用蒸馏水稀释定容至 100 mL。

(2)染料溶液:称取 0.1 g G-250 溶于 50 mL 95%乙醇,加入 100 mL 85% H_3PO_4,用蒸馏水定容至 1 000 mL,混匀备用。

[方法与步骤]

1. 标准曲线绘制

(1)0～100 μg・mL^{-1} 蛋白质标准曲线制作

取 6 支试管，按表 4-4-1 数据配制 0～100 μg・mL^{-1} 蛋白质标准溶液各 1 mL。吸取各管溶液 0.1 mL，分别放入 10 mL 具塞试管中，加入 5 mL 考马斯亮蓝 G-250 试剂，盖塞摇匀，静置 5 min 后在 595 nm 波长处以 0 管调零，测定各管 OD_{595}，绘制蛋白质质量浓度-OD_{595} 标准曲线。

表 4-4-1 0～100 μg・mL^{-1} 蛋白质标准溶液的配制

试剂	管号					
	0	1	2	3	4	5
100 μg・mL^{-1} BSA 体积/mL	0	0.2	0.4	0.6	0.8	1.0
蒸馏水体积/mL	1.0	0.8	0.6	0.4	0.2	0
蛋白质质量浓度/(μg・mL^{-1})	0	20	40	60	80	100

(2)0～1 000 μg・mL^{-1} 蛋白质标准曲线制作

另取 6 支试管，按表 4-4-2 数据配制 0～1 000 μg・mL^{-1} 蛋白质标准溶液各 1 mL，余下同(1)中操作，绘制 0～1 000 μg・mL^{-1} 蛋白质标准曲线。

表 4-4-2 0～1 000 μg・mL^{-1} 蛋白质标准溶液的配制

试剂	管号					
	0	1	2	3	4	5
1 000 μg・mL^{-1} BSA 体积/mL	0	0.2	0.4	0.6	0.8	1.0
蒸馏水体积/mL	1.0	0.8	0.6	0.4	0.2	0
蛋白质质量浓度/(μg・mL^{-1})	0	200	400	600	800	1 000

2. 样品提取

称取植物叶片 0.2 g(鲜重)放入研钵中，加 2 mL 蒸馏水和少量石英砂研磨，呈匀浆后用 3 mL 蒸馏水分次洗涤研钵。合并匀浆和洗液，4 000 r・min^{-1} 离心 10 min，将上清液转入容量瓶中，以蒸馏水定容至 10 mL，摇匀后待测。

3. 样品测定

取 0.1 mL 待测溶液，加入 5 mL 考马斯亮蓝 G-250 试剂，充分混匀，静置 5 min 后测定 OD_{595}，查标准曲线得待测液蛋白质质量浓度(μg・mL^{-1})，以蒸馏水作空白。

4. 结果计算

$$\text{蛋白质含量}(\mu g \cdot g^{-1} FW)=\frac{C\times V}{W} \qquad (4\text{-}4\text{-}1)$$

式中：C—查标准曲线所得每管蛋白质质量浓度(μg・mL^{-1})；

V—提取液总体积(mL)；

W—样品质量(g)。

[注意事项]

如遇比色杯吸附染料,可用乙醇清洗。

Ⅱ　双缩脲法

[实验目的]

掌握双缩脲法测定蛋白质含量的原理与方法。

[实验原理]

在碱性溶液中,双缩脲($H_2N—CO—NH—CO—NH_2$)与 Cu^{2+} 作用发生双缩脲反应,形成紫红色的络合物。该络合物颜色深浅,在一定浓度范围内与肽键数量即与蛋白质含量成正比,可用分光光度计测定蛋白质含量。

[实验器材]

1. 实验材料

玉米粉或小麦粉。

2. 实验器具

分光光度计、分析天平(0.000 1 g)、移液器、离心机、振荡器、离心管、三角瓶等。

3. 实验试剂

(1)0.05 $mol \cdot L^{-1}$ NaOH 溶液:称取 0.2 g NaOH,用蒸馏水溶解并定容至 100 mL。

(2)2.5 $mol \cdot L^{-1}$ NaOH 溶液:称取 10 g NaOH,用蒸馏水溶解并定容至 100 mL。

(3)双缩脲试剂:称取 1.5 g $CuSO_4 \cdot 5H_2O$ 和 6.0 g $NaKC_4H_4O_6$,加少量蒸馏水溶解;再加 300 mL 2.5 $mol \cdot L^{-1}$ NaOH 溶液和 1.0 g KI,溶解后加蒸馏水定容至 1 000 mL,于棕色瓶中避光保存。

(4)10 $mg \cdot mL^{-1}$ 蛋白质标准液:称取 1 g 烘至恒重的纯酪蛋白,用 0.05 $mol \cdot L^{-1}$ NaOH 溶液溶解并定容至 100 mL。

[方法与步骤]

1. 标准曲线绘制

取 6 支试管,按表 4-4-3 配制 0～10 $mg \cdot mL^{-1}$ 系列浓度蛋白质标准溶液。

表 4-4-3　0～10 $mg \cdot mL^{-1}$ 蛋白质标准溶液配制

试剂	管号					
	0	1	2	3	4	5
10 $mg \cdot mL^{-1}$ 蛋白质标准液体积/mL	0	0.2	0.4	0.6	0.8	1.0
蒸馏水体积/mL	1.0	0.8	0.6	0.4	0.2	0
蛋白质质量浓度/($mg \cdot mL^{-1}$)	0	2	4	6	8	10

每管各加入 4 mL 双缩脲试剂，混匀后 25 ℃水浴 1 h，冷却至室温，在分光光度计波长 550 nm 处，用 0 管调零，读取各管 OD 值，绘制蛋白质质量浓度-OD_{550} 标准曲线。

2. 样品测定

称取样品粉末 0.5 g，转入 50 mL 三角瓶中，加入 10 mL 0.05 $mol \cdot L^{-1}$ NaOH 溶液，40 mL 双缩脲试剂，加塞，在振荡器上振荡 10 min，再于 25 ℃水浴 1 h。取出部分溶液于离心管中，4 000 $r \cdot min^{-1}$ 离心 10 min，取出上清液于分光光度计 550 nm 波长处比色，记录 OD_{550}，从标准曲线查得相应蛋白质质量浓度（$mg \cdot mL^{-1}$）。

3. 结果计算

$$蛋白质含量=\frac{C\times V}{W\times 10^3}\times 100\% \qquad (4\text{-}4\text{-}2)$$

式中：C—查标准曲线所得蛋白质质量浓度（$mg \cdot mL^{-1}$）；

V—样品显色液总体积（mL）；

W—样品质量（g）。

［注意事项］

（1）本方法较快速，干扰物质少，灵敏度差，常用于快速且不要求十分精确的蛋白质含量测定。

（2）双缩脲试剂要封闭贮存，防止吸收空气中的 CO_2。

（3）加入 $NaKC_4H_4O_6$，是为了使 Cu^{2+} 形成稳定的络合铜离子，防止 $CuSO_4 \cdot 5H_2O$ 不稳定形成 $Cu(OH)_2$ 沉淀。$NaKC_4H_4O_6$ 与 $CuSO_4 \cdot 5H_2O$ 质量比≥3∶1，加入 KI 作为抗氧化试剂。

Ⅲ　Folin-酚试剂法

［实验目的］

掌握 Folin-酚试剂法测定蛋白质含量的原理与方法。

［实验原理］

在 Folin-酚试剂作用下，蛋白质与碱性铜盐产生双缩脲反应，同时由于蛋白质中存在的酪氨酸和色氨酸与磷钼酸-磷钨酸试剂反应产生颜色，较单一的双缩脲反应产生的颜色要强得多，所以该方法灵敏度较高。

［实验器材］

1. 实验材料

作物种子。

2. 实验器具

分光光度计、恒温水浴锅、分析天平（0.000 1 g）、移液器、容量瓶、量筒、烧杯等。

3. 实验试剂

（1）100 $\mu g \cdot mL^{-1}$ BSA：称取 10 mg BSA，用蒸馏水配成 100 mL。

(2)Folin-酚试剂 A：称取 1 g Na_2CO_3 溶于 50 mL 0.1 mol·L^{-1} NaOH(4 g·L^{-1})溶液，称取 0.5 g $CuSO_4 \cdot 5H_2O$ 溶于 100 mL 1% $C_4H_4K_2O_6$(或 $C_4H_4Na_2O_6$)溶液，使用前依次按 50∶1 混合(现用现配)。

(3)Folin-酚试剂 B：称(量)取 100 g $Na_2WO_4 \cdot 2H_2O$、25 g $Na_2MoO_4 \cdot 2H_2O$、700 mL 蒸馏水、50 mL 85% H_3PO_4、100 mL HCl 于 1500 mL 磨口圆底烧瓶中，混匀后接上磨口冷凝管，小火回流 10 h。回流完毕后加入 150 g Li_2SO_4、50 mL 蒸馏水和数滴液溴，继续沸腾 15 min，除去过量溴(通风橱内进行)。冷却后用蒸馏水稀释至 1 000 mL，过滤后贮于棕色试剂瓶。使用前用酚酞作指示剂，用标准 NaOH 溶液(1 mol·L^{-1})滴定(溶液颜色由红色→紫色、紫灰→墨绿)，最后用蒸馏水将试剂稀释至相当于 1 mol·L^{-1} 酸度，备用。

[方法与步骤]

1. 标准曲线绘制

取 0.6 mL 不同质量浓度(10、20、30、40、50、60、70、80、90、100 μg·mL^{-1})的 BSA 溶液于试管中，分别加入 3 mL Folin-酚试剂 A，摇匀后置于 25 ℃水浴中保温 10 min。再加入 0.3 mL Folin-酚试剂 B，立即摇匀，25 ℃水浴中保温 30 min 后，于 500 nm 波长处比色(若蛋白质在 5～25 μg，波长用 750 nm；在 25 μg 以上，波长则用 500 nm 为宜)，以蒸馏水加 Folin-酚试剂作为比色空白对照。根据结果绘制出蛋白质质量浓度-OD_{500} 标准曲线。

2. 样品测定

吸取 0.6 mL 样品液于试管内，加入 3 mL Folin-酚试剂 A，摇匀后于 25 ℃水浴中保温 10 min。再加入 0.3 mL Folin-酚试剂 B，立即摇匀，25 ℃水浴中保温 30 min 后，于 500 nm 波长处比色。根据标准曲线求得样品液蛋白质含量。

[注意事项]

(1)操作需两步进行，前后保温要 40 min，显色较费时，颜色也不够稳定。

(2)易受 EDTA、SDS、Triton X-100、糖类、高浓度硫酸铵和磷酸钠等物质干扰。

实验 4-5　维生素 C 含量测定

Ⅰ　分光光度计法

[实验目的]

了解作物维生素 C 的测定原理与方法。

[实验原理]

维生素 C 易被抗坏血酸氧化酶破坏，$H_2C_2O_4$、HCl、H_2SO_4 和 HPO_3 均可作为阻抑剂而增强维生素 C 在提取液中的稳定性。故在 H_2SO_4 和 HPO_3 存在条件下，$(NH_4)_2MoO_4$ 与维生素 C 反应生成蓝色络合物，在 2～32 μg·mL^{-1} 范围内服从比尔定律。

[实验器材]

1. 实验材料

作物根、茎、叶等。

2. 实验器具

磁力搅拌器、离心机、分光光度计、分析天平(0.000 1 g)、移液器、研钵、具塞三角瓶、量筒、离心管、具塞刻度试管、容量瓶等。

3. 实验试剂

(1)H_2SO_4(1∶19):量取 5 mL H_2SO_4,缓缓倒入 95 mL 蒸馏水中,混匀。

(2)5% $(NH_4)_2MoO_4$ 溶液:称取 5 g $(NH_4)_2MoO_4$,用蒸馏水溶解并定容至 100 mL。

(3)$H_2C_2O_4$(0.05 mol·L^{-1})-EDTA(0.2 mmol·L^{-1})溶液:称取 6.3 g $H_2C_2O_4$ 和 0.75 g EDTA-Na_2,用蒸馏水溶解并定容至 1 L。

(4)HPO_3-HAc 溶液:称取 3 g HPO_3,加入 40 mL HAc(1∶5)溶解后,加蒸馏水稀释至 100 mL,过滤后备用。(现配现用)

(5)1 mg·mL^{-1} 抗坏血酸溶液:称取 100 mg 抗坏血酸 ,加适量 $H_2C_2O_4$-EDTA 溶液溶解并定容至 100 mL。(现配现用)

[方法与步骤]

1. 标准曲线绘制

分别吸取 1 mg·mL^{-1} 抗坏血酸溶液 0、0.1、0.2、0.4、0. 6、0.8 mL 至 25 mL 具塞刻度试管中,加 $H_2C_2O_4$-EDTA 溶液至 5 mL 刻度,依次各加 0.5 mL HPO_3-HAc 溶液、1 mL H_2SO_4(1∶19),摇匀。再加 2 mL $(NH_4)_2MoO_4$ 溶液,加蒸馏水稀释至刻度,摇匀。于 30 ℃水浴中放置 15 min,以未加抗坏血酸溶液管调零点,用 1 cm 比色皿于 760 nm 波长处测 OD_{760}。以抗坏血酸质量浓度作横坐标,OD_{760} 作纵坐标,绘制标准曲线。

2. 样品测定

称取 5~10 g 样品于研钵中,加少量 $H_2C_2O_4$-EDTA 溶液,研磨至匀浆,转入 100 mL 具塞三角瓶中。加入 5 mL $H_2C_2O_4$-EDTA(含研磨用量),于磁力搅拌器上搅拌 20 min,放置 30 min。转入 100 mL 离心管中,以 4 000 r·min^{-1} 离心 15 min,取 1~5 mL 上清液于 25 mL 具塞刻度试管中,加入 5 mL $H_2C_2O_4$-EDTA,余下步骤按标准曲线绘制方法操作。

3. 结果计算

按式(4-5-1)计算试样中维生素 C 含量,以 100 g 鲜样含维生素 C 质量表示:

$$\text{维生素 C 含量}(\text{mg}\cdot 100\ \text{g}^{-1}\text{FW})=\frac{C\times V_t}{W\times V_m} \quad (4\text{-}5\text{-}1)$$

式中:C—测定液中维生素 C 含量(mg);

V_t—提取液总体积(mL);

V_m—测定液体积(mL);

W—样品质量(g)。

[注意事项]

(1)如果加$(NH_4)_2MoO_4$后溶液变浑浊,显色 15 min 后以 4 000 r · min^{-1} 离心 20 min,取上清液待测。

(2)颜色深度随时间延长而加深,因此各管显色温度和放置时间要求一致。

Ⅱ 2,6-二氯靛酚滴定法

[实验目的]

掌握 2,6-二氯靛酚滴定法测定维生素 C(抗坏血酸)含量的原理和计算方法。

[实验原理]

2,6-二氯靛酚的颜色反应表现为两种特性,一种取决于其氧化还原状态,氧化态为深蓝色,还原态为无色;另一种受介质酸度的影响,在碱性溶液中呈深蓝色,在酸性介质中呈浅红色。用蓝色碱性染料标准溶液对含维生素 C 的酸性浸出液进行氧化还原滴定,染料被还原为无色,当到达滴定终点时,多余染料在酸性介质中表现为浅红色。根据 2,6-二氯靛酚钠盐的用量可计算试样的抗坏血酸含量。

[实验器材]

1. 实验材料

各类水果、蔬菜等。

2. 实验器材

分析天平(0.000 1 g)、容量瓶、烧杯或三角瓶、微量滴定管、研钵、漏斗、定性滤纸等。

3. 实验试剂

(1)2% $H_2C_2O_4$ 溶液:称取 20 g $H_2C_2O_4$ 溶于 1 000 mL 蒸馏水中,转入试剂瓶保存备用。

(2)0.2 mg · mL^{-1} 维生素 C 标准溶液:称取 10 mg 维生素 C,用 2% $H_2C_2O_4$ 溶液定容至 50 mL。

(3)2,6-二氯靛酚溶液:称取 50 mg 2,6-二氯靛酚钠盐溶于 50 mL 热蒸馏水,冷却后用蒸馏水定容至 250 mL,过滤后转至棕色瓶于冰箱中冷藏。

[方法与步骤]

1. 标准抗坏血酸溶液标定

吸取 2 mL 0.2 mg · mL^{-1}维生素 C 标准溶液,加入 5 mL 2% $H_2C_2O_4$,以 2,6-二氯靛酚染料滴定至桃红色且 15 s 内不褪色即为终点。根据已知维生素 C 标准溶液染料的用量,计算出每 1 mL 染料溶液相当的抗坏血酸量(mg)。

2. 样液制备

称取切碎的果蔬样品 10.0 g,放入研钵中加少许 2% $H_2C_2O_4$ 研碎,用漏斗转移至 100 mL 容量瓶中,用 2% $H_2C_2O_4$ 定容至刻度,过滤待测。

3. 含量测定

吸取待测液 10 mL 于小烧杯中，用标定过的 2,6-二氯靛酚钠溶液滴定至桃红色且 15 s 不褪色为止，记录染料用量，重复测定 3 次。

4. 结果计算

按式(4-5-2)计算试样中维生素 C 含量，以 100 g 鲜样含维生素 C 质量表示：

$$C=\frac{(V_0-V_1)\times A}{B}\times\frac{b}{a}\times 100 \tag{4-5-2}$$

式中：C—100 g 鲜样中维生素 C 的质量(mg · 100 g^{-1}FW)；

V_0—滴定样品所用染料体积(mL)；

V_1—滴定空白所用染料体积(mL)；

A—1 mL 染料溶液相当维生素 C 的量(mg · mL^{-1})；

B—滴定时吸取样液量(mL)；

a—取样量(g)；

b—样品液稀释后总量(mL)。

［注意事项］

受到损伤的果蔬组织中维生素 C 易受到其体内抗坏血酸的破坏，因此维生素 C 的测定应采用新鲜样品并尽快用 2% $H_2C_2O_4$ 溶液制成匀浆，以保存果蔬中的维生素 C。

实验 4-6　脂肪酸含量测定

［实验目的］

掌握气相色谱法测定各脂肪酸含量的原理和方法。

［实验原理］

作物脂肪中常见的脂肪酸分子具有极性且沸点较高，高温下不稳定，一般先进行甲酯化处理，使其形成极性和沸点均较低的脂肪酸甲酯，再用气相色谱仪测定各脂肪酸甲酯，间接得到各脂肪酸的含量。

［实验器材］

1. 实验材料

花生籽仁若干。

2. 实验器具

气相色谱仪、氢气发生器、分析天平(0.000 1 g)、移液器等。

3. 实验试剂

(1)N_2(纯度≥99.999%)和空气。

(2)苯-石油醚(1∶1)、正己烷、无水 Na_2SO_4、饱和 NaCl 溶液、37 种脂肪酸甲脂混标(CDAB-CRM47885)。

(3)0.5 mol·L^{-1} NaOH-甲醇溶液:称取 2.0 g NaOH,用甲醇溶解并定容至 100 mL。

(4)25% BF_3-甲醇溶液:称取 25 g BF_3,用甲醇溶解并定容至 100 mL。

[方法与步骤]

1. 试样制备

称取 5 g 风干花生籽仁粉末,加入 15 mL 苯-石油醚(1∶1)于 30～60 ℃水浴浸提 12 h,减压浓缩除去溶剂得供试油样。

2. 试样甲酯化

取 0.2 g 油样至 20 mL 试管中,加入 2 mL 0.5 mol·L^{-1} NaOH-甲醇溶液,60 ℃水浴中加热至油珠完全溶解。冷却后加入 2 mL 25% BF_3-甲醇溶液,60 ℃水浴甲酯化 20 min。冷却后加入 2 mL 正己烷,振荡摇匀,加入 2 mL 饱和 NaCl 溶液,摇匀后离心。取上层有机相转入干燥试管中,加入少量无水 Na_2SO_4 以除去微量的水,吸取 2 μL 上清液进行气相色谱分析。

3. 仪器条件

FID 检测器,FFAP 弹性石英毛细管柱(50 m×0.2 mm×0.33 μm),恒压模式,载气 N_2 流速 1 mL·min^{-1},H_2 流速 35 mL·min^{-1},空气流速 350 mL·min^{-1}。进样量 2 μL,分流比 10∶1,进样口温度 250 ℃,检测器温度 250 ℃。升温程序:180 ℃,3 min;9 ℃·min^{-1} 升至 225 ℃,保持 25 min。

4. 结果计算

采用面积归一化法确定各脂肪酸占脂肪酸总含量的百分比。

$$\text{各脂肪酸百分含量}=\frac{\text{各脂肪酸峰面积}}{\text{各脂肪酸峰面积总和}}\times 100\% \tag{4-6-1}$$

[注意事项]

(1)对脂肪提取液进行气相色谱分析时,必须用 0.45 μm 或更小孔径微孔滤膜过滤,以免堵塞色谱柱。

(2)色谱分析条件要恒定(如气体流速、柱温、汽化温度等),以保证重现性好、准确性高。

(3)实验所用试剂多为易燃易爆有毒品,操作过程中应注意安全。

实验 4-7　总游离氨基酸测定

[实验目的]

了解测定作物总游离氨基酸的原理和方法。

[实验原理]

游离氨基酸的游离氨基可与水合茚三酮作用,产生蓝紫色化合物二酮茚-二酮茚胺,产物的颜色深浅与游离氨基含量成正比，因此可用分光光度计在波长 570 nm 下测定其含量。蛋白质中的游离氨基也会产生相同反应，因此测定前必须用蛋白质沉淀剂除去。

[实验器材]

1. 实验材料

新鲜植物材料。

2. 实验器具

分光光度计、水浴锅、移液器、容量瓶、漏斗、烧杯、研钵、具塞刻度试管等。

3. 实验试剂

(1)10% HAc。

(2)0.1%抗坏血酸：称取 0.1 g 抗坏血酸，用蒸馏水溶解并定容至 100 mL。(现配现用)

(3)4 $mol \cdot L^{-1}$ pH 4.54 HAc-NaAc 缓冲液：称取 54.4 g NaAc，加入 100 mL 蒸馏水，在电炉上加热蒸发至 50 mL，冷却后转入 100 mL 容量瓶，加入 30 mL HAc，用蒸馏水定容。

(4)水合茚三酮：称取 0.60 g 重结晶茚三酮，用 15 mL 正丙醇溶解，再加入 30 mL 正丁醇、60 mL 乙二醇，最后加入 9 mL 上述 pH 4.54 HAc-NaAc 缓冲液，混匀后贮于棕色瓶中，放入冰箱保存(10 d 内有效)。

(5)氨基酸标准液：称取经 80 ℃烘干的亮氨酸 46.8 mg(或 α-丙氨酸 31.8 mg)，以 10%异丙醇溶解并定容至 100 mL(含氮量 50 $\mu g \cdot mL^{-1}$)。吸取 5 mL 该标准液用蒸馏水稀释至 50 mL，得含氮量 5 $\mu g \cdot mL^{-1}$ 标准液。

[方法与步骤]

1. 样品提取

称取新鲜试样 0.5～1.0 g 于研钵中，加入 5 mL 10% HAc 研磨成匀浆。转移至 100 mL 容量瓶中，用蒸馏水定容，用干滤纸过滤(弃初滤液)后待测。

2. 标准曲线绘制

取 6 支 20 mL 刻度试管，按表 4-7-1 加入试剂。加完试剂后，混匀，盖上玻璃球塞，置于沸水浴中加热 15 min。取出后放在冷水浴中，摇动冷却，使加热时形成的红色物质逐渐被空气氧化而褪色，直到溶液呈蓝紫色。用 60%乙醇定容至 20 mL，摇匀后于 570 nm 测定 OD 值，制作标准曲线。

表 4-7-1　氨基酸标准曲线制作

试剂	1	2	3	4	5	6
标准亮氨酸体积/mL	0	0.2	0.4	0.6	0.8	1.0
无氨蒸馏水体积/mL	2.0	1.8	1.6	1.4	1.2	1.0
水合茚三酮体积/mL	3.0	3.0	3.0	3.0	3.0	3.0
抗坏血酸体积/mL	0.1	0.1	0.1	0.1	0.1	0.1
每管含氨基氮量/μg	0	1.0	2.0	3.0	4.0	5.0

3. 样品测定

吸取待测液 1 mL，加蒸馏水 1 mL、水合茚三酮 3 mL、抗坏血酸 0.1 mL，同标准曲线方法显色、比色。根据 OD_{570} 在标准曲线上查得样品液含氮量。

4. 结果计算

按式(4-7-1)计算 100 g 植物鲜材料中游离氨基酸的氨基氮含量。

$$C=\frac{b\times V_t/V_s}{W}\times 100 \tag{4-7-1}$$

式中：C—100 g 鲜材料中游离氨基氮含量(mg・100 g^{-1}FW)；

b—查标准曲线值(mg・mL^{-1})；

V_t—样品提取液稀释总体积(mL)；

V_s—测定所取滤液体积(mL)；

W—样品重(g)。

［注意事项］

(1)比色应在显色后 1 h 内进行。

(2)实验所用水均为无氨水，普通蒸馏水煮沸驱氨即可。

(3)反应灵敏度在很大程度上与氢离子浓度有关，最适 pH 为 4.5，应严格掌握。

实验 4-8 烟碱含量测定

Ⅰ 气相色谱法

［实验目的］

掌握气相色谱法测定烟草烟碱的原理和方法。

［实验原理］

烟叶中的烟碱是一种含氮的生物碱，极易溶于醇、醚等有机溶剂。先用适量 NaOH 溶液使试样中的烟碱呈游离状态，然后用正十七碳烷-异丙醇内标萃取液进行萃取，采用气相色谱法对试样中的烟碱进行定量。

［实验器材］

1. 实验材料

烟叶、烟丝等。

2. 实验仪器

气相色谱仪、超纯水仪、切丝机、振荡器、分析天平(0.000 1 g)等。

3. 实验试剂

(1)甲醇：色谱纯。

(2)0.5 $mol \cdot L^{-1}$ NaOH 溶液：称取 2 g NaOH，用蒸馏水溶解并定容至 100 mL。

(3)0.6 $mg \cdot mL^{-1}$ 内标萃取液：称取 0.6 g 正十七碳烷标准品(纯度≥99%)，用异丙醇溶解并定容至 1 L，于 0～4 ℃保存。

(4)5 $mg \cdot mL^{-1}$ 烟碱标准贮备液：称取 0.25 g 烟碱标准品(纯度≥97%)，用内标萃取液定容至 50 mL，于 0～4 ℃保存。

(5)系列烟碱标准工作溶液：分别移取烟碱标准贮备液 0.2、0.5、1.0、1.5、2.0 mL 于 5 个 10 mL 容量瓶中，用内标萃取液定容至标线，混匀，配制成烟碱质量浓度分别为 0.10、0.25、0.50、0.75、1.00 $mg \cdot mL^{-1}$ 的系列烟碱标准工作溶液。

[方法与步骤]

1. 样品提取

将样品切丝，称取 1.0 g 烟丝于 50 mL 锥形瓶中，加入 4 mL 0.5 $mol \cdot L^{-1}$ NaOH 溶液，分散、浸润样品，确保所有烟丝湿润。加入 50 mL 内标萃取液，室温下振荡 2 h，取上层清液，经 0.45 μm 有机滤膜过滤，用于气相色谱定量分析。

2. 仪器条件

(1)色谱柱：DB-WAX 毛细管柱(30 m×0.32 mm，0.25 μm)。

(2)柱升温程序：初始温度为 100 ℃，保持 4 min，以 15 ℃ $\cdot min^{-1}$ 的速率升温至 230 ℃，保持 2.5 min。

(3)温度：FID 检测器温度为 275 ℃，进样口温度为 250 ℃。

(4)载气：氮气，流量为 1.5 $mL \cdot min^{-1}$，恒流模式。

(5)空气流量：300 $mL \cdot min^{-1}$；氢气流量：30 $mL \cdot min^{-1}$。

(6)尾吹气：氮气，流量为 25 $mL \cdot min^{-1}$。

(7)进样条件：进样体积为 1 μL，分流进样，分流比为 10∶1。

3. 结果计算

样品烟碱的质量分数按式(4-8-1)计算：

$$w=\frac{(\rho-\rho_0)\times V}{m(1-x)}\times 100\% \tag{4-8-1}$$

式中：w —样品中烟碱质量分数(%)；

ρ—稀释液中烟碱的质量浓度($mg \cdot mL^{-1}$)；

ρ_0—空白试验中烟碱的质量浓度($mg \cdot mL^{-1}$)；

V—稀释液的体积(mL)；

m—样品质量(mg)；

x—样品中的水分含量(%)。

[注意事项]

本实验中所用试剂，无特殊标注的，均为色谱纯。

Ⅱ 分光光度法

[实验目的]

掌握分光光度法测定烟草烟碱的原理和方法。

[实验原理]

烟叶中的烟碱是一种含氮的生物碱，在强酸条件下，很容易与HCl反应生成溶于水的烟碱盐酸盐而从烟叶中脱离出来。同时色素进入提取液，可利用活性炭吸附作用脱色。烟碱对特定波长的光有吸收能力，因此通过测定特定波长下的吸光度可测得烟碱含量。

[实验器材]

1. 实验材料

新鲜烟叶若干。

2. 实验仪器

分光光度计、分析天平(0.000 1 g)、移液器；容量瓶、烧杯等。

3. 实验试剂

9% HCl、18.5% HCl、活性炭粉末。

[方法与步骤]

1. 样品提取

取0.3 g鲜烟叶于液氮中充分研磨后，全部转入适量(V)18.5% HCl中，充分混匀，室温提取3 min。13 000 $r \cdot min^{-1}$ 离心5 min，将上清液全部转入新离心管中，加入2 mL去离子水，加入0.06 g活性炭粉末(终浓度5%)。13 000 $r \cdot min^{-1}$ 离心5 min，吸取1 mL上清液至新离心管中，加入2 mL 9% HCl，充分混匀。13 000 $r \cdot min^{-1}$ 离心5 min，将上清液转移到新离心管中待测。

2. 样品测定

在波长259 nm、236 nm和282 nm处测得吸光度值A_{259}、A_{236}、A_{282}。

3. 结果计算

按式(4-8-2)式计算试样中烟碱含量(w)。

$$w=\frac{1.059\times[A_{259}-(A_{282}+A_{236})/2]\times 6\ V(\text{mL})}{34.3\times 样品鲜重(\text{g})} \tag{4-8-2}$$

式中：1.059—校正系数；

34.3—烟碱在水溶液中的比消光系数；

A_{259}、A_{236}和A_{282}—在波长259 nm、236 nm和282 nm处测得的吸光度值。

[注意事项]

提取液具有良好的稳定性，加入活性炭能明显提高样品透光度，且放置24 h样品透光度不受影响。

参考文献

陈德华,2018. 作物栽培学研究实验法. 北京:科学出版社.

陈娟,彭琳童,向福,2020. 泥蒿不同生长时期不同部位维生素 C 含量比较. 北方园艺(1):41-45.

高慧敏,张颖君,2010. 花生种子脂肪酸含量的微量、快速测定. 中国农学通报,26(13):98-103.

郭梦玉,2017. 采收期对软枣猕猴桃果实品质及贮藏性的影响:硕士论文. 延边朝鲜族自治州:延边大学.

郝建军,康宗利,于洋,2007. 植物生理学实验技术. 北京:化学工业出版社.

李玲,李娘辉,蒋素梅,等,2009. 植物生理学模块实验指导. 北京:科学出版社.

李美红,刘静,吴建霖,等,2022. 气相色谱法测定加热不燃烧再造烟叶中烟碱. 化学分析计量,31(10):40-43.

罗青,翁文文,杨玉珍,等,2017. 平菇、香菇、黑木耳三种食用菌中糖类的测定分析. 郑州师范教育(2):34-36.

南志奇,2011. 箭叶秋葵营养成分分析及摘除花蕾对产量的影响:硕士论文. 重庆:西南大学.

汤绍虎,罗充,2012. 植物生理学实验指导. 重庆:西南师范大学出版社.

田纪春,2005. 谷物品质测试理论与方法. 北京:科学出版社.

王传林,2010. 我国栽培大豆品种的遗传多样性分析与青籽粒性状 QTL 的关联定位:硕士论文. 南京:南京农业大学.

王瑞,刘海学,马俪珍,等,2011. 几种食用油中脂肪酸含量的测定与分析. 食品研究与开发,32(7):106-109.

徐超,2021. 苗期高温对草莓生长发育和果实品质的影响机理及模拟研究:博士论文. 南京:南京信息工程大学.

叶雄干,2006. 植物纤维是如何形成的? 纸和造纸,25(S1):85-94.

于振文,2003. 作物栽培学各论. 北京:中国农业出版社.

张洪博,刘德水,杨兴有,等. 一种鲜烟叶的烟碱提取方法及烟碱含量测定方法:中国专利,202110808875.4.(2021-07-16)[2023-2-10].

张志良,瞿小菁,李小方,2009. 植物生理学实验指导.4 版. 北京:高等教育出版社.

中国科学院上海植物生理研究所,上海市植物生理学会,1999. 现代植物生理学实验指南. 北京:科学出版社.

中华人民共和国农业部. 米质测定方法:NY/T 83—2017.

朱兆坤,2012. 油菜生长后期有机氮再利用相关酶活性与氮素利用效率的关系研究:硕士论文. 长沙:湖南农业大学.

邹琦,2000. 植物生理生化实验指导. 北京:中国农业出版社.

Shan Q,Zhang Y,Chen K et al.,2015. Creation of fragrant rice by targeted knockout of the OsBADH2 gene using TALEN technology. Plant Biotechnology Journal,13(6):791-800.

第5章 作物安全检测

民以食为天，食以安为先。食品(含农产品)质量安全直接关系人民群众的身体健康和生命安全，关系社会的和谐稳定。党的二十大强调持续“推进安全生产风险专项整治，加强重点行业、重点领域安全监管”，“强化食品药品安全监管”，“健全生物安全监管预警防控体系”，确保广大人民群众“舌尖上的安全”。本章围绕备受关注的重金属污染、农药(含除草剂)残留、亚硝酸盐和硝酸盐超标等农业安全生产和农产品安全问题，开展标准化检测，为农业安全生产和农产品质量安全保驾护航。

实验5-1 重金属铅含量测定

Ⅰ 石墨炉原子吸收光谱法

[实验目的]

(1)了解石墨炉原子吸收分光光度计测定重金属铅的原理和方法。

(2)学习和掌握石墨炉原子吸收分光光度计的操作和使用。

[实验原理]

试样消解处理后，经石墨炉原子化，在波长283.3 nm处测定消化液吸光度。在一定浓度范围内消化液的吸光度值与试样中铅含量成正比，与标准系列比较定量，可测得试样中铅含量。

[实验器材]

1. 实验材料

粮食作物、蔬果、土壤等。

2. 实验仪器

原子吸收分光光度计(含石墨炉检测器)、分析天平(0.000 1 g)、电热炉等。

3. 实验试剂

(1)$HClO_4$：分析纯。

(2)HNO_3 溶液(1∶19)：量取50 mL HNO_3，缓慢加入950 mL蒸馏水中并混匀。

(3)HNO_3 溶液(1∶9)：量取50 mL HNO_3，缓慢加入450 mL蒸馏水中并混匀。

(4)$NH_4H_2PO_4$-$Pd(NO_3)_2$ 溶液：称取 0.02 g $Pd(NO_3)_2$，加少量 HNO_3 溶液(1∶9)溶解后，再加入 2 g $NH_4H_2PO_4$，溶解后用 HNO_3 溶液(1∶19)定容至 100 mL，混匀。

(5)1 000 mg・L^{-1} 铅标准贮备液：称取 1.598 5 g $Pb(NO_3)_2$ 标准品，用少量 HNO_3 溶液(1∶9)溶解，移入 1 000 mL 容量瓶，加蒸馏水定容至刻度，混匀。

(6)1.00 mg・L^{-1} 铅标准中间液：吸取铅标准贮备液 1 mL 于 1 000 mL 容量瓶中，加 HNO_3 溶液(1∶19)至刻度并混匀。

(7)铅标准系列溶液：分别吸取铅标准中间液 0、0.5、1.0、2.0、3.0、4.0 mL 于 100 mL 容量瓶中，加 HNO_3 溶液(1∶19)至刻度并混匀。铅标准系列溶液的质量浓度分别为 0、5.0、10.0、20.0、30.0、40.0 μg・L^{-1}。

［方法与步骤］

1. 试样制备

(1)粮食作物：去除杂物后粉碎，储于塑料瓶中。

(2)蔬果：用水洗净后晾干，取可食部分制成匀浆，储于塑料瓶中，于－18～－16 ℃冰箱中保存备用。

(3)土壤：用土钻取土，风干后碾成粉末，过筛后装袋备用。

2. 样品提取

称取试样 0.2～3 g 或吸取试样 0.5～5.0 mL 于刻度消化管中，加入 10 mL HNO_3 和 0.5 mL $HClO_4$，在电热炉上消解(参考条件：120 ℃/0.5～1 h；升至 180 ℃/2～4 h、升至 200～220 ℃)。若消化液呈棕褐色，再加少量 HNO_3，消解至冒白烟，直至消化液呈无色透明或略带黄色。取出消化管，冷却后用水稀释至 10 mL，混匀备用。同时做空白试验。

3. 仪器条件

波长 283.3 nm，狭缝 0.5 nm，灯电流 8～12 mA，干燥温度 85～120 ℃/ 40～50 s，灰化温度 750 ℃/ 20 ～30 s，原子化温度 2 300 ℃/ 4～5 s。

4. 测定

(1)绘制标准曲线

按质量浓度递增顺序分别将 10 μL 铅标准系列溶液和 5 μL $NH_4H_2PO_4$-$Pd(NO_3)_2$ 溶液同时注入石墨炉，测定吸光度值。以质量浓度为横坐标，吸光度值为纵坐标，绘制标准曲线。

(2)试样溶液测定

同绘制标准曲线条件，将 10 μL 空白或试样溶液与 5 μL $NH_4H_2PO_4$-$Pd(NO_3)_2$ 溶液同时注入石墨炉，测定吸光度值，与标准系列比较定量。

5. 结果计算

按式(5-1-1)计算试样中铅含量：

$$X=\frac{(\rho-\rho_0)\times V}{m\times 10^3} \tag{5-1-1}$$

式中：X—试样中铅含量(mg・kg^{-1} 或 mg・L^{-1})；

ρ—试样溶液中铅的质量浓度(μg・L^{-1})；

ρ_0—空白溶液中铅的质量浓度(μg・L^{-1})；

V—试样消化液的定容体积(mL)；

m—试样称样量或移取体积(g 或 mL)；

10^3—换算系数。

当铅含量≥1.00 mg·kg^{-1}(或 mg·L^{-1})时，计算结果保留3位有效数字；当铅含量＜1.00 mg·kg^{-1}(或 mg·L^{-1})时，计算结果保留2位有效数字。

［注意事项］

所有玻璃器皿及消解内罐均需使用 HNO_3 溶液(1∶5)浸泡过夜，然后依次用自来水和蒸馏水冲洗。

Ⅱ 火焰原子吸收光谱法

［实验目的］

(1)了解火焰原子吸收分光光度计测定重金属铅的原理和方法。

(2)学习和掌握火焰原子吸收分光光度计的操作和使用。

［实验原理］

试样经处理后，铅离子在一定 pH 条件下与二乙基二硫代氨基甲酸钠(DDTC)形成络合物，再经4-甲基-2-戊酮(MIBK)萃取分离。将 MIBK 层导入原子吸收光谱仪中，经火焰原子化，在波长283.3 nm 处测定吸光度。在一定浓度范围内分离层的吸光度值与试样中铅含量成正比，经与标准系列比较定量，可测得试样中铅含量。

［实验器材］

1. 实验材料

粮食作物、蔬果、土壤等。

2. 实验仪器

原子吸收分光光度计(含火焰检测器)、分析天平(0.000 1 g)、电热炉等。

3. 实验试剂

(1)$HClO_4$：分析纯。

(2)4-甲基-2-戊酮(MIBK)：分析纯。

(3)HNO_3 溶液(1∶19)：量取50 mL HNO_3，缓慢加入950 mL 蒸馏水中并混匀。

(4)HNO_3 溶液(1∶9)：量取50 mL HNO_3，缓慢加入450 mL 蒸馏水中并混匀。

(5)300 g·L^{-1} $(NH_4)_2SO_4$ 溶液：称取30 g $(NH_4)_2SO_4$，用蒸馏水溶解并稀释至100 mL，混匀。

(6)250 g·L^{-1} 柠檬酸铵溶液：称取25 g 柠檬酸铵，用蒸馏水溶解并稀释至100 mL，混匀。

(7)1 g·L^{-1} 溴百里酚蓝溶液：称取0.1 g 溴百里酚蓝，用蒸馏水溶解并稀释至100 mL，混匀。

(8)50 g·L^{-1} DDTC 溶液：称取5 g DDTC，用蒸馏水溶解并稀释至100 mL，混匀。

(9)氨水溶液(1∶1)：吸取100 mL 氨水，加入100 mL 蒸馏水并混匀。

(10)HCl 溶液(1∶11)：吸取10 mL HCl，加入110 mL 蒸馏水并混匀。

(11)1 000 $mg \cdot L^{-1}$ 铅标准贮备液:称取 1.598 5 g $Pb(NO_3)_2$ 标准品,用少量 HNO_3 溶液(1∶9)溶解,移入 1 000 mL 容量瓶,用蒸馏水定容至刻度并混匀。

(12)10 $mg \cdot L^{-1}$ 铅标准使用液:吸取铅标准贮备液 1 mL 于 100 mL 容量瓶中,加 HNO_3 溶液(1∶19)至刻度并混匀。

[方法与步骤]

1. 试样制备

参见实验 5-1 中Ⅰ石墨炉原子吸收光谱法“试样制备”步骤。

2. 样品提取

参见实验 5-1 中Ⅰ石墨炉原子吸收光谱法“样品提取”步骤。

3. 仪器条件

波长 283.3 nm,狭缝 0.5 nm,灯电流 8~12 mA,燃烧头高度 6 mm,空气流量 8 $L \cdot min^{-1}$。

4. 测定

(1)绘制标准曲线

分别吸取铅标准使用液 0、0.25、0.50、1.00、1.50、2.00 mL(相当于 0、2.5、5.0、10.0、15.0、20.0 μg 铅)于 125 mL 分液漏斗中,加蒸馏水至 60 mL。加入 2 mL 250 $g \cdot L^{-1}$ 柠檬酸铵溶液、3~5 滴 1 $g \cdot L^{-1}$ 溴百里酚蓝溶液,用氨水溶液(1∶1)调 pH 至溶液由黄变蓝。加入 10 mL 300 $g \cdot L^{-1}$ $(NH_4)_2SO_4$ 溶液、10 mL 1 $g \cdot L^{-1}$ DDTC 溶液,摇匀后放置 5 min。加入 10 mL MIBK,剧烈振摇提取 1 min,静置分层后,弃去水层,将 MIBK 层放入 10 mL 具塞刻度管中,得到标准系列溶液。按质量递增顺序导入火焰检测器,测定吸光度值,以铅的质量为横坐标,吸光度值为纵坐标,绘制标准曲线。

(2)试样溶液测定

分别将样品液和试剂空白溶液置于 125 mL 分液漏斗中,加蒸馏水至 60 mL,加入 2 mL 250 $g \cdot L^{-1}$ 柠檬酸铵溶液、3~5 滴 1 $g \cdot L^{-1}$ 溴百里酚蓝溶液,用氨水溶液(1∶1)调 pH 使溶液由黄变蓝。加入 10 mL 300 $g \cdot L^{-1}$ $(NH_4)_2SO_4$ 溶液、10 mL 1 $g \cdot L^{-1}$ DDTC 溶液,摇匀后放置 5 min。加入 10 mL MIBK,剧烈振摇 1 min,静置分层后,弃去水层,将 MIBK 层放入 10 mL 具塞刻度管中,得到试样溶液和空白溶液。将试样溶液和空白溶液分别导入火焰检测器,测定吸光度值,与标准系列比较定量。

5. 结果计算

按式(5-1-2)计算试样中铅含量:

$$X = \frac{m_1 - m_0}{m_2} \tag{5-1-2}$$

式中:X—试样中铅含量($mg \cdot kg^{-1}$ 或 $mg \cdot L^{-1}$);

m_1—试样溶液中铅质量(μg);

m_0—空白溶液中铅质量(μg);

m_2—试样称样量或移取体积(g 或 mL)。

当铅含量≥10.0 $mg \cdot kg^{-1}$(或 $mg \cdot L^{-1}$)时,计算结果保留 3 位有效数字;当铅含量<10.0 $mg \cdot kg^{-1}$(或 $mg \cdot L^{-1}$)时,计算结果保留 2 位有效数字。

[注意事项]

所有玻璃器皿均需 HNO_3 溶液(1∶5)浸泡过夜,然后用自来水反复冲洗,最后用蒸馏水冲洗干净。

实验 5-2 重金属镉含量测定

[实验目的]

(1)了解石墨炉原子吸收分光光度计测定重金属镉的原理和方法。

(2)学习和掌握石墨炉原子吸收分光光度计的操作和使用。

[实验原理]

试样消解处理后,经石墨炉原子化,在波长 228.8 nm 处测定吸光度。在一定浓度范围内镉的吸光度值与镉含量成正比,与标准系列溶液比较定量,可测得试样中镉含量。

[实验器材]

1. 实验材料

粮食作物、蔬果、土壤等。

2. 实验仪器

原子吸收分光光度计(含石墨炉检测器)、分析天平(0.000 1 g)、可调式电热板等。

3. 实验试剂

(1)硝酸(HNO_3)、高氯酸($HClO_4$)。

(2)HNO_3 溶液(1∶19):量取 50 mL HNO_3,缓慢加入 950 mL 蒸馏水中并混匀。

(3)HNO_3 溶液(1∶9):量取 50 mL HNO_3,缓慢加入 450 mL 蒸馏水中并混匀。

(4)$NH_4H_2PO_4$-$Pd(NO_3)_2$ 溶液:称取 0.02 g $Pd(NO_3)_2$,加少量 HNO_3 溶液(1∶9)溶解后,再加入 2 g $NH_4H_2PO_4$,溶解后用 HNO_3 溶液(1∶19)定容至 100 mL 并混匀。

(5)氯化镉($CdCl_2 \cdot 2.5\ H_2O$):纯度≥99.99%(或经国家认证并授予标准物质证书的标准品)。

(6)100 $mg \cdot L^{-1}$ 镉标准贮备液:称取 0.203 2 g $CdCl_2 \cdot 2.5\ H_2O$,用少量 HNO_3 溶液(1∶9)溶解,移入 1 000 mL 容量瓶中,加蒸馏水定容至刻度,混匀。

(7)100 $\mu g \cdot L^{-1}$ 镉标准中间液:吸取 100 $mg \cdot L^{-1}$ 镉标准贮备液 1 mL 于 10 mL 容量瓶中,加 HNO_3 溶液(1∶19)至刻度,混匀;再吸取上述溶液 1 mL 于 100 mL 容量瓶中,加 HNO_3 溶液(1∶19)至刻度,混匀。

(8)镉标准系列溶液:分别吸取 100 $\mu g \cdot L^{-1}$ 镉标准中间液 0、0.2、0.5、1.0、2.0、4.0 mL 于 100 mL 容量瓶中,加 HNO_3 溶液(1∶19)至刻度,混匀。镉标准系列溶液质量浓度依次为 0、0.2、0.5、1.0、2.0、4.0 $\mu g \cdot L^{-1}$。(临用现配)

［方法与步骤］

1. 试样制备

参见实验 5-1 中Ⅰ石墨炉原子吸收光谱法“试样制备”步骤。

2. 样品提取

称取试样 0.2～0.5 g（液体试样 0.5～5.0 g）于刻度消化管中，加入 10 mL HNO_3 和 0.5 mL $HClO_4$，在可调式电炉上消解（120 ℃保持 0.5～1 h，升至 180 ℃保持 2～4 h，升至 200～220 ℃）。若消化液呈棕褐色，冷却后，再加少量 HNO_3，消解至冒白烟，消化液呈无色透明或略带微黄色，赶酸至 1 mL 左右后取出消化管，冷却后用蒸馏水定容至 10 mL 或 25 mL，混匀备用。同时做空白试验。

3. 仪器条件

波长 228.8 nm，狭缝 0.8 nm，灯电流 5～7 mA；干燥温度 85～120 ℃，干燥时间 30～50 s；灰化温度 450～650 ℃，灰化时间 15～30 s；原子化温度 1 500～2 000 ℃，原子化时间 4～5 s；背景校正为氘灯或塞曼效应。

4. 测定

（1）标准曲线绘制

按质量浓度递增顺序分别取 10 μL 镉标准系列溶液、5 μL $NH_4H_2PO_4$-$Pd(NO_3)_2$ 溶液，同时注入石墨炉，原子化后测定吸光度值。以质量浓度为横坐标，吸光度值为纵坐标，绘制标准曲线。

（2）试样溶液测定

按质量浓度递增顺序分别取 10 μL 空白溶液或试样消化液、5 μL $NH_4H_2PO_4$-$Pd(NO_3)_2$ 溶液，同时注入石墨炉，原子化后测定吸光度值。根据标准曲线得到待测液中镉的质量浓度。

5. 结果计算

按式（5-2-1）计算试样中镉含量：

$$X=\frac{(C_1-C_0)\times f\times V}{m\times 10^3} \tag{5-2-1}$$

式中：X—试样中镉含量（$mg\cdot kg^{-1}$ 或 $mg\cdot L^{-1}$）；

C_1—试样消化液中镉含量（$\mu g\cdot L^{-1}$）；

C_2—空白溶液中镉含量（$\mu g\cdot L^{-1}$）；

f—稀释倍数；

V—试样消化液的定容体积（mL）；

m—试样质量或体积（g 或 mL）；

10^3—换算系数。

［注意事项］

（1）所用玻璃器皿均需使用 HNO_3 溶液（1∶5）浸泡 24 h 以上，然后依次用自来水、蒸馏水冲洗干净。

（2）含乙醇或 CO_2 的样品应先低温加热除去乙醇或 CO_2。

(3)对含油脂的样品,采用干法消化;如果采用湿法消化,样品量应不超过1 g。

实验5-3 总砷含量测定

[实验目的]

(1)了解石墨炉原子吸收分光光度计法测定总砷的原理与方法。

(2)学习和掌握原子吸收分光光度计的操作和使用。

[实验原理]

试样消解处理后,经石墨炉原子化,在波长193.7 nm处测定吸光度。在一定浓度范围内砷的吸光度值与砷含量成正比,可用外标法定量。

[实验器材]

1. 实验材料

粮食作物、蔬果、土壤等。

2. 实验仪器

原子吸收分光光度计、电子天平(0.000 1 g)、电热板、微波消解系统、恒温干燥箱、消解罐、粉碎机等。

3. 实验试剂

(1)HNO_3 溶液(1∶49):量取20 mL HNO_3,缓慢加入980 mL蒸馏水中并混匀。

(2)HNO_3 溶液(3∶97):量取30 mL HNO_3,缓慢加入970 mL蒸馏水中并混匀。

(3)100 $g \cdot L^{-1}$ NaOH溶液:称取10 g NaOH,用蒸馏水溶解并定容至100 mL,混匀。

(4)1 $g \cdot L^{-1}$ $Pd(NO_3)_2$ 溶液:称取0.1 g $Pd(NO_3)_2$,用 HNO_3 溶液(3∶97)稀释至100 mL,混匀。

(5)三氧化二砷(As_2O_3)标准品:纯度≥99.5%。

(6)100 $mg \cdot L^{-1}$ 砷标准贮备液(以As计):称取0.013 2 g经100 ℃干燥2 h的 As_2O_3,加入1 mL 100 $g \cdot L^{-1}$ NaOH溶液和少量蒸馏水溶解,转入100 mL容量瓶中,加入适量HCl调节酸度近中性,用蒸馏水稀释至刻度,贮于棕色瓶中,4 ℃避光保存。或使用经国家认证并授予标准物质证书的砷标准溶液。

(7)1 $mg \cdot L^{-1}$ 砷标准使用液(以As计):吸取1 mL 100 $mg \cdot L^{-1}$ 砷标准贮备液于100 mL容量瓶中,用 HNO_3 溶液(1∶49)定容至刻度,贮于棕色瓶中,4℃避光保存。

(8)砷标准系列溶液:分别吸取1 $mg \cdot L^{-1}$ 砷标准使用液0、0.2、0.5、1.0、2.0、3.0 mL于100 mL容量瓶中,加 HNO_3 溶液(3∶97)至刻度,混匀。砷标准系列溶液质量浓度依次为0.0、2.0、5.0、10.0、20.0、30.0 $\mu g \cdot L^{-1}$。

[实验步骤]

1. 试样制备

参见实验5-1中Ⅰ石墨炉原子吸收光谱法“试样制备”步骤。

2. 样品提取

称取固体试样 0.2～0.8 g(液体试样 1.0 ～3.0 g)于消解罐中，加入 5 ～8 mL HNO_3，放置 30 min 以上，盖好安全阀，将消解罐放入微波消解系统中。按照表 5-3-1 设置微波消解条件，进行消解，消解完全后于 140～145 ℃赶酸至 0.5～1 mL，用蒸馏水定容至 25 mL，混匀备用。同时做空白试验。

表 5-3-1　微波消解条件

步骤	温度/℃	升温时间/min	保温时间/min
1	120	5	5
2	160	5	5
3	200	5	25

3. 测定

(1)制作标准曲线

吸取 20 μL 砷标准系列溶液、5 μL 1 $g \cdot L^{-1}$ $Pd(NO_3)_2$ 溶液，按质量浓度由低到高的顺序分别注入石墨炉，原子化后测其吸光度值。以质量浓度为横坐标，吸光度为纵坐标，制作标准曲线。

(2)试样测定

吸取 20 μL 空白溶液或试样溶液、5 μL $Pd(NO_3)_2$ 溶液注入石墨炉，原子化后测其吸光度值，与标准系列比较定量。

4. 结果计算

按式(5-3-1)计算试样中砷含量：

$$X = \frac{(C_1 - C_0) \times V \times 10^3}{m \times 10^3 \times 10^3} \qquad (5\text{-}3\text{-}1)$$

式中：X—试样中砷含量($mg \cdot kg^{-1}$ 或 $mg \cdot L^{-1}$)；

C_1—试样溶液中砷含量($\mu g \cdot L^{-1}$)；

C_0—空白溶液中砷含量($\mu g \cdot L^{-1}$)；

V—试样消化液的定容体积(mL)；

m—试样质量或体积(g 或 mL)；

10^3—换算系数。

[注意事项]

所有玻璃器皿均需使用 HNO_3 溶液(1∶5)浸泡 24 h，然后依次用自来水、蒸馏水冲洗干净。

实验 5-4　无机砷含量测定

[实验目的]

(1)了解液相色谱-原子荧光光谱联用仪测定无机砷的原理与方法。

(2)学习和掌握液相色谱-原子荧光光谱联用仪的操作和使用。

[实验原理]

样品中无机砷经稀 HNO_3 提取后,以液相色谱进行分离,分离后的目标化合物在酸性环境下与 KBH_4 反应,生成气态砷化合物,可用原子荧光光谱仪进行测定。

[实验器材]

1. 实验材料

粮食作物、土壤等。

2. 实验仪器

液相色谱-原子荧光光谱联用仪、分析天平(0.000 1 g)、组织匀浆机、高速粉碎机、离心机、pH 计等。

3. 实验试剂

(1)氨水、正己烷。

(2)20% HCl 溶液:量取 200 mL HCl,用蒸馏水定容至 1 000 mL。

(3)0.15 mol·L^{-1} HNO_3 溶液:量取 10 mL HNO_3,用蒸馏水定容至 1 000 mL。

(4)100 g·L^{-1} KOH 溶液:称取 10 g KOH,用蒸馏水溶解并定容至 100 mL。

(5)5 g·L^{-1} KOH 溶液:称取 5 g KOH,用蒸馏水溶解并定容至 1 000 mL。

(6)30 g·L^{-1} KBH_4 溶液:称取 30 g KBH_4,用 5 g·L^{-1} KOH 溶液溶解并定容至 1 000 mL。(现配现用)

(7)20 mmol·L^{-1} $NH_4H_2PO_4$ 溶液:称取 2.3 g $NH_4H_2PO_4$ 溶于 1 000 mL 蒸馏水中,用氨水调至 pH 8.0,经 0.45 μm 水系滤膜过滤后,超声脱气 30 min 后备用。

(8)15 mmol·L^{-1} $NH_4H_2PO_4$ 溶液:称取 1.7 g $NH_4H_2PO_4$ 溶于 1 000 mL 蒸馏水中,用氨水调至 pH 6.0,经 0.45 μm 水系滤膜过滤后,超声脱气 30 min 后备用。

(9)1 mmol·L^{-1} $NH_4H_2PO_4$ 溶液:量取 50 mL 20 mmol·L^{-1} $NH_4H_2PO_4$ 溶液,用蒸馏水定容至 1 000 mL,用氨水调至 pH 9.0,经 0.45 μm 水系滤膜过滤后,超声脱气 30 min 后备用。

(10)100 mg·L^{-1} 亚砷酸盐[As(Ⅲ)]标准贮备液:称取 0.013 2 g As_2O_3 标准品,加 1 mL 100 g·L^{-1} KOH 溶液和少量蒸馏水溶解,转入 100 mL 容量瓶中,加入适量 HCl 调节酸度至中性,用蒸馏水定容至刻度,4 ℃保存。

(11)100 mg·L^{-1} 砷酸盐[As(Ⅴ)]标准贮备液:称取 0.024 0 g KH_2AsO_4 标准品,用蒸馏水溶解并定容至 100 mL,4 ℃保存。

(12)1 mg·L^{-1} As(Ⅲ)-As(Ⅴ)混合标准使用液:吸取 100 mg·L^{-1} 的 As(Ⅲ)和 As(Ⅴ)标准贮备液各 1 mL 至 100 mL 容量瓶中,用蒸馏水定容至刻度。(现配现用)

[方法与步骤]

1. 试样制备

参见实验 5-1 中Ⅰ石墨炉原子吸收光谱法“试样制备”步骤。

2. 试样提取

称取 1.0 g 试样至 50 mL 离心管中，加入 20 mL 0.15 mol·L^{-1} HNO_3 溶液，放置过夜。于 90 ℃恒温箱中浸提 2.5 h，每 0.5 h 振荡 1 min。提取完毕后取出冷却至室温，8 000 r·min^{-1} 离心 15 min，取上层清液，经 0.45 μm 有机滤膜过滤后进行测定。按同一操作方法做空白试验。

3. 仪器条件

(1)液相色谱条件

色谱柱：阴离子交换色谱柱(柱长 250 mm，内径 4 mm)，或等效柱；阴离子交换色谱保护柱(柱长 10 mm，内径 4 mm)，或等效柱。

等度洗脱：流动相为 15 mmol·L^{-1} pH 6.0 $NH_4H_2PO_4$ 溶液，流速 1 mL·min^{-1}，进样体积 100 μL。等度洗脱适用于稻米及稻米加工产品。

(2)原子荧光检测条件

负高压 320 V；砷灯总电流 90 mA，主/辅助电流 55/35；火焰原子化，原子化器中温；载液为 20% HCl 溶液，流速 4 mL·min^{-1}；还原剂为 30 g·L^{-1} KBH_4 溶液，流速 4 mL·min^{-1}；载气流速 400 mL·min^{-1}，辅助气流速 400 mL·min^{-1}。

4. 测定

(1)制作标准曲线

取 7 个 10 mL 容量瓶，分别加入 1 mg·L^{-1} 混合标准使用液 0、0.05、0.10、0.20、0.30、0.50、1.00 mL，用蒸馏水定容至刻度，即得质量浓度为 0、5.0、10、20、30、50、100 ng·mL^{-1} 的标准系列溶液。吸取 100 μL 标准系列溶液注入液相色谱-原子荧光光谱联用仪进行分析，以目标化合物质量浓度为横坐标，色谱峰面积为纵坐标，绘制标准曲线。

(2)试样溶液测定

吸取 100 μL 试样溶液注入液相色谱-原子荧光光谱联用仪。根据标准曲线得到试样溶液中 As(Ⅲ)与 As(Ⅴ)含量，As(Ⅲ)与 As(Ⅴ)含量之和为总无机砷含量。

5. 结果计算

按式(5-4-1)计算试样中无机砷含量：

$$X=\frac{(C-C_0)\times V\times 10^3}{m\times 10^3\times 10^3} \tag{5-4-1}$$

式中：X—试样中无机砷含量(以 As 计)(mg·kg^{-1})；

C—测定溶液中无机砷化合物质量浓度(ng·mL^{-1})；

C_0—空白溶液中无机砷化合物质量浓度(ng·mL^{-1})；

V—试样消化液体积(mL)；

m—试样质量(g)；

10^3—换算系数。

[注意事项]

所有玻璃器皿均需使用 HNO_3 溶液(1∶5)浸泡 24 h，然后依次用自来水、蒸馏水冲洗干净。

实验5-5　有机磷类农药残留测定

Ⅰ　酶抑制率法

［实验目的］

学习采用酶抑制率法快速检测作物有机磷和氨基甲酸酯类农药残留。

［实验原理］

样品中有机磷类和氨基甲酸酯类农药残留能够抑制昆虫酯酶和酶受体反应，荧光底物被激活发出的荧光信号减弱。通过荧光信号的变化计算该样品中有机磷类和氨基甲酸酯类农药的酶抑制率，并与对应限量酶抑制率比较，从而可以快速定性判定样品中有机磷类和氨基甲酸酯类农药是否超标。

［实验器材］

1. 实验材料

粮食作物等。

2. 实验仪器

荧光检测仪、分析天平(0.000 1 g)、粉碎机、吹干仪、涡旋振荡器、离心机、孵育器等。

3. 实验试剂

(1)乙酸乙酯-丙酮溶液：量取5 mL丙酮，加入95 mL乙酸乙酯，混匀。

(2)Na_2SO_4溶液：称取200 g Na_2SO_4，用蒸馏水溶解后定容至1 000 mL，混匀。

(3)PBS缓冲液：称取8.00 g NaCl、1.20 g Na_2HPO_4(或2.92 g $Na_2HPO_4 \cdot 12H_2O$)、0.20 g KCl，用900 mL蒸馏水溶解，并用HCl调至pH 7.4，再用蒸馏水定容至1 000 mL。

(4)1% Triton X-100(或土温-20)：量取10 mL Triton X-100(或土温-20)，用PBS缓冲液定容至1 000 mL。

(5)昆虫酯酶溶液：称取30.0 mg昆虫酯酶，按说明书推荐加入PBS缓冲液，摇匀。

(6)荧光素酶受体溶液：称取0.5 mg荧光素酶受体，加入10 mL蒸馏水，混匀。

(7)荧光底物溶液：称取1.0 mg荧光底物，加入10 mL 1% Triton X-100(或土温-20)，混匀。

［方法与步骤］

1. 样品制备

用粉碎机将样品粉碎至全部通过20目筛，充分混匀。

2. 样品提取

称取0.50 g试样至10 mL离心管中，加入2 mL Na_2SO_4溶液、2 mL乙酸乙酯-丙酮溶液，混匀。在1 500 $r \cdot min^{-1}$下离心2 min，取100 μL上清液至2 mL离心管中，在45 ℃下吹至近干，然后加入1 mL蒸馏水复溶。此溶液为待测液A。

3. 样品测定

吸取100 μL待测溶液A加入微检测管中，然后加入50 μL昆虫酯酶溶液，混匀。将微检测管置于35 ℃孵育器中，孵育10 min。向微检测管底部加入50 μL荧光素酶受体溶液，混匀。将微检测管置于 35 ℃孵育器中，孵育 5 min，然后向微检测管加入 1 mL 荧光底物溶液，用荧光检测仪读取数据。

4. 结果计算

按式(5-5-1)计算酶抑制率：

$$y=\frac{I_0-I_1}{I_0}\times 100\% \tag{5-5-1}$$

式中：y—酶抑制率(%)；

I_0—空白试验响应值；

I_1—待测样品响应值。

根据目标农药的限量值和对应的限量酶抑制率，选取最低限量酶抑制率作为判定酶抑制率。当样品的酶抑制率高于判定酶抑制率，表示样品中可能有高剂量有机磷类或氨基甲酸酯类农药残留，把该样品判定为疑似阳性样品；对疑似阳性样品，需要进一步确定具体农药的种类和含量。当样品的酶抑制率低于判定酶抑制率，表示样品中有机磷类和氨基甲酸酯类农药残留较低，把该样品判定为阴性样品。酶抑制率法的农药检出限参见表 5-5-1。

表 5-5-1 酶抑制率法的农药检出限

农药名称	检出限/($\mu g\cdot kg^{-1}$)	农药名称	检出限/($\mu g\cdot kg^{-1}$)	农药名称	检出限/($\mu g\cdot kg^{-1}$)
辛硫磷	0.5	乙硫磷	2.5	对氧磷	0.2
谷硫磷	0.3	杀线威	12	残杀威	11
三硫磷	2.0	丰索林	75	氧甲拌磷	0.6
杀螨硫磷	0.3	杀螟氧磷	0.1	伏杀硫磷	60
毒虫畏	0.5	杀螟硫磷	20	亚胺硫磷	0.5
巴毒磷	0.25	溴苯磷	0.2	甲基嘧啶磷	50
育畜磷	4.0	溴苯氧磷	0.2	丙溴磷	0.5
二嗪磷	2.5	马拉氧磷	0.7	杀虫畏	0.3
敌敌畏	0.25	马拉硫磷	2.0	敌百虫	10
乐果	12.5	甲基对氧磷	0.1	甲萘威	0.2
乙拌磷	3.5	速灭磷	0.1	异丙威	2.5
苯硫磷	0.1	二溴磷	0.2	甲硫威	0.3

资料来源：LS/T 6139—2020 粮油检验 粮食及其制品中有机磷类和氨基甲酸酯类农药残留的快速定性检测；禁限用农药名录(2019 年)。

[注意事项]

应在 30 s 内完成荧光底物溶液的添加，避免产生气泡影响检测。

Ⅱ GC-MS法

[实验目的]

(1)了解气相色谱-质谱(GC-MS)法测定多种有机磷农药残留的原理与方法。

(2)学习和掌握气相色谱-质谱联用仪的操作和使用。

[实验原理]

试样中残留的敌敌畏、乙酰甲胺磷、丙线磷等16种有机磷农药用水-丙酮均质提取,经CH_2Cl_2液-液分配,以凝胶色谱柱净化,再经石墨化炭黑和弗罗里硅土固相萃取柱净化,洗脱液浓缩并溶解定容后,供气相色谱-质谱检测,可用外标法定量测定。

[实验器材]

1. 实验材料

粮食作物等。

2. 实验仪器

气相色谱-质谱联用仪、分析天平(0.000 1 g)、凝胶色谱仪、均质器、旋转蒸发器、离心机、有机微孔滤膜(0.45 μm)等。

3. 实验试剂

(1)丙酮:分析纯。

(2)CH_2Cl_2:分析纯。

(3)Na_2SO_4:650 ℃灼烧4 h,贮于密封容器备用。

(4)乙酸乙酯-正己烷(1∶4):量取100 mL乙酸乙酯和400 mL正己烷,混匀。

(5)环己烷-乙酸乙酯(1∶1):量取100 mL环己烷和100 mL乙酸乙酯,混匀。

(6)20 g·L^{-1} NaCl溶液:称取20 g NaCl,用蒸馏水溶解后定容至1 000 mL,混匀。

(7)16种农药标准品(纯度≥98%):敌敌畏、乙酰甲胺磷、丙线磷、特丁磷、甲基乙拌磷、二嗪磷、二嘧硫磷、乙嘧硫磷、甲基嘧啶磷、杀螟硫磷、马拉硫磷、倍硫磷、对硫磷、稻丰散、丁胺磷、苯硫磷。

(8)敌敌畏等16种农药标准贮备溶液:称取适量的标准品,用丙酮配制成浓度为1 000 μg·mL^{-1}的标准贮备溶液,于0~4 ℃冰箱中保存。

(9)敌敌畏等16种农药标准工作溶液:根据需要将标准贮备溶液用乙酸乙酯稀释成适用浓度的标准工作溶液,于0~4 ℃冰箱中保存。

(10)石墨化炭黑固相萃取柱:ENVI-Carb,250 mg,6 mL(或相当)。

(11)氟罗里硅土固相萃取柱:Florisil,500 mg,6 mL(或相当),使用前用6 mL乙酸乙酯-正己烷(1∶4)预淋洗。

[方法与步骤]

1. 样品制备

取代表性样品玉米、糙米、大米、小麦、荞麦各约500 g,用粉碎机粉碎,并通过2.0 mm圆孔筛，混匀，装入洁净容器，密封后于 0～4 ℃保存备用。

2. 样品提取

称取 20 g 试样至 250 mL 具塞锥形瓶中，加入 20 mL 蒸馏水，混摇后放置 1 h。然后加入 100 mL 丙酮，高速均质提取 3 min，将提取液抽滤于 250 mL 浓缩瓶中，残渣再用 50 mL 丙酮重复提取一次。合并滤液，于 35 ℃水浴中旋转浓缩至 20 mL 左右，待液-液分配净化。

3. 样品净化

(1)16 种农药残留净化过程

将浓缩提取液转移至 250 mL 分液漏斗中，加入 150 mL NaCl 溶液和 50 mL CH_2Cl_2，振摇 3 min，静置分层，收集 CH_2Cl_2 相。水相用 2×50 mL CH_2Cl_2 重提 2 次，合并 CH_2Cl_2 相。经 Na_2SO_4 柱脱水，收集至 250 mL 浓缩瓶中，于 35 ℃水浴中旋转浓缩至近干。加入 10 mL 环己烷-乙酸乙酯(1∶1)以溶解残渣，并用 0.45 μm 滤膜过滤，待凝胶色谱净化。

(2)凝胶色谱净化

① 凝胶色谱条件。凝胶净化柱：Bio Beads S-X3，700 mm×25 mm(内径)(或相当)；流动相：环己烷-乙酸乙酯(1∶1)；流速：4.7 mL · min^{-1}；样品定量环：10 mL；预淋洗时间：10 min；凝胶色谱平衡时间：5 min；收集时间：28～35 min。

② 凝胶色谱净化步骤。将待净化液凝胶色谱条件进行净化收集维分于 35 ℃下浓缩至近干，并用 2 mL 乙酸乙酯-正己烷(1∶4)溶解残渣，待固相萃取。

(3)固相萃取

将上述全部(2 mL)固相萃取净化液倒入串联的石墨化炭黑固相萃取柱(上)和氟罗里硅土固相萃取柱(下)中，用 3 mL 乙酸乙酯-正己烷(1∶4)分 3 次洗涤浓缩瓶，将洗涤液倾入串联的固相萃取柱中；再用 15 mL 乙酸乙酯-正己烷(1∶4)洗脱，收集上述洗脱液至浓缩瓶中，35 ℃水浴中旋转蒸发至 2 mL 左右；用 8 mL 乙酸乙酯转移至 10 mL 试管中，在室温下，氮吹近干；用乙酸乙酯溶解并定容至 0.5 mL，供气相色谱-质谱联用仪测定。

4. GC-MS 条件

色谱柱：DB-5MS 石英毛细管柱，内径为 0.25 m，膜厚为 0.25 μm(或相当)。色谱柱温度起始温度为 50 ℃，每分钟升温 30 ℃，至 180 ℃，保留 1 min；然后每分钟升温 5 ℃，至 270 ℃，保留 15 min。进样口温度为 250 ℃，色谱-质谱接口温度为 250 ℃。载气为氦气(纯度≥99.999%)，流速为 1.0 mL · min^{-1}。进样量为 1 μL，无分流进样，1.2 min 后开阀。EI 电离方式，选择离子监测方式，定性离子及定量离子(B1)。溶剂延迟 5.00 min。

5. 样品测定

根据样液中被测物含量情况，选定浓度相近的标准工作溶液，对标准工作溶液与样液等体积参插进样测定，采用外标法定量。

6. 结果计算

按式(5-5-2)计算试样中的农药残留量(计算结果应扣除空白值)：

$$X_i = \frac{A_i \times C_i \times V \times 10^3}{A_{is} \times m \times 10^3} \quad (5\text{-}5\text{-}2)$$

式中：X_i—试样中农药 i 残留量(mg · kg^{-1})；

A_i—样液中农药 i 的峰面积(或峰高)；

A_{is}—标准工作液中农药 i 的峰面积(或峰高);
C_i—标准工作液中农药 i 的浓度($\mu g \cdot mL^{-1}$);
V—样液最终定容体积(mL);
m—最终样液所代表的试样质量(g)。

[注意事项]

在抽样及制样的操作过程中,应防止样品受到污染或发生残留物含量的变化。

实验5-6 除草剂残留测定

[实验目的]

(1)了解液相色谱-串联质谱法测定除草剂残留量的原理与方法。
(2)学习和掌握液相色谱-串联质谱仪的操作和使用。

[实验原理]

试样用乙腈提取、固相萃取柱净化,用液相色谱-串联质谱仪检测,用外标法定量。

[实验器材]

1. 实验材料

粮食作物、土壤等。

2. 实验仪器

液相色谱-串联质谱仪、分析天平(0.000 1 g)、多管漩涡混匀器、快速混匀器、离心机、刻度试管、土壤筛(2 mm孔径)、固相萃取柱、滤膜(0.2 μm)。

3. 实验试剂

(1)甲醇:色谱纯。
(2)NH_4Ac:色谱纯。
(3)乙腈:色谱纯。
(4)NaCl:140 ℃烘烤4 h。
(5)1 $mmol \cdot L^{-1}$ NH_4Ac溶液:称取0.077 g NH_4Ac,用蒸馏水溶解并定容至1 000 mL。(现配现用)
(6)除草剂标准品:纯度≥95%。
(7)1 000 $mg \cdot L^{-1}$ 标准贮备溶液:称取10 mg各农药标准品,用甲醇溶解并定容至10 mL,−18 ℃避光保存,有效期1年。
(8)混合标准溶液:吸取一定量标准贮备液于50 mL容量瓶中,用甲醇定容至刻度。混合标准溶液避光0~4 ℃保存,有效期1个月。

［方法与步骤］

1. 试样制备

取土壤鲜样，除去石块、动植物残体等杂物，风干后过 2 mm 孔径筛，装入洁净容器，密封，做好标记，−18 ℃以下保存备用。

2. 试样提取

称取 10 g 试样至 100 mL 离心管中，加入 10 mL 水和 10 mL 乙腈，用多管漩涡混匀器振荡 10 min；加入 5～7 g NaCl，振荡 1 min，3 000 $r \cdot min^{-1}$ 离心 5 min。

3. 试样净化

取 3.0 mL 上清液上固相萃取柱，收集全部滤液。吸取 1.0 mL 滤液过 0.22 μm 滤膜后待测。

4. 仪器条件

(1)液相色谱条件

色谱柱：C18，100 mm×2.1 mm×1.9 μm，或相当者。

柱温箱温度：40 ℃。

进样量：1.0 μL。

流速：0.2 $mL \cdot min^{-1}$。

流动相组成和梯度洗脱程序见表 5-6-1。

表 5-6-1 流动相组成和梯度洗脱程序

时间/min	流动相 A(1 $mmol \cdot L^{-1}$ NH_4Ac 溶液)/%	流动相 B(甲醇)/%
0	90	10
4.00	5	95
6.00	5	95
6.20	90	10

(2)质谱条件

离子源：电喷雾离子源。

扫描方式：正负离子扫描。

加热模块温度：400 ℃。

DL 管温度：250 ℃。

碰撞气(氩气)压力：230 kPa。

干燥气(氮气)流速：15 $L \cdot min^{-1}$。

检测方式：多反应监测(MRM)。

5. 标准曲线绘制

吸取一定量的混合标准溶液，用甲醇逐级稀释成 0.005、0.01、0.05、0.1、0.5 $mg \cdot L^{-1}$ 混合标准工作溶液。空白基质溶液氮气吹干，加入 1 mL 上述混合标准工作溶液复溶，过滤膜配制成系列基质混合标准工作溶液，供液相色谱-串联质谱仪测定。以测得峰面积为纵坐标、标准溶液质量浓度为横坐标，绘制标准工作曲线。

6. 试样溶液测定

将基质混合标准工作溶液和试样溶液依次注入液相色谱-串联质谱仪中，根据保留时间和定性离子定性，测得定量离子峰面积，待测样液中除草剂的响应值应在仪器检测的定量测定线性范围之内，超过线性范围时应根据测定浓度进行适当倍数稀释后再进行分析。空白试验除不加试样外，其他步骤相同。

7. 结果计算

按式(5-6-1)计算试样中的除草剂残留量：

$$\omega_i=\frac{\rho_i \times V_1}{m} \tag{5-6-1}$$

式中：ω_i—试样中被测物残留量($mg \cdot kg^{-1}$)；

ρ_i—基质混合标准工作溶液中被测物的质量浓度($mg \cdot L^{-1}$)；

V_1—提取有机溶剂总体积(mL)；

m—试样的质量(g)。

［注意事项］

(1)试样目标化合物色谱峰与对应标准色谱峰的保留时间相对误差应在±2.5%以内。

(2)计算结果应扣除空白值，保留 2 位有效数字，当含量超过 1 $mg \cdot kg^{-1}$ 时保留 3 位有效数字。

实验 5-7 亚硝酸盐和硝酸盐含量测定

Ⅰ 离子色谱法

［实验目的］

(1)了解离子色谱法测定亚硝酸盐和硝酸盐含量的原理与方法。

(2)学习和掌握离子色谱仪的操作和使用。

［实验原理］

试样经沉淀蛋白质、除去脂肪后，采用相应的方法提取和净化，以 KOH 溶液为淋洗液，用阴离子交换柱分离，用电导检测器或紫外检测器检测。以保留时间定性，用外标法定量。

［实验器材］

1. 实验材料

水稻、玉米、大豆等。

2. 实验仪器

离子色谱仪、粉碎机、超声波清洗器、分析天平(0.000 1 g)、离心机、0.22 μm 水性滤膜针头滤器、净化柱(C18 柱、Ag 柱和 Na 柱或等效柱)等。

3. 实验试剂

(1)3% HAc 溶液：量取 3 mL HAc 于 100 mL 容量瓶中，以蒸馏水稀释至刻度，混匀。

(2)1 mol·L^{-1} KOH溶液：称取6 g KOH，加入新煮沸并冷却的蒸馏水溶解并定容至100 mL。

(3)100 mg·L^{-1}亚硝酸盐标准贮备液(以NO_2^-计)：称取0.150 0 g经110～120 ℃干燥至恒重的$NaNO_2$标准品，用蒸馏水溶解并定容至1 000 mL。

(4)1 000 mg·L^{-1}硝酸盐标准贮备液(以NO_3^-计)：称取1.371 0 g经110～120 ℃干燥至恒重的$NaNO_3$标准品，用蒸馏水溶解并定容至1 000 mL。

(5)亚硝酸盐和硝酸盐混合标准中间液：准确移取NO_2^-和NO_3^-的标准贮备液各1.0 mL于100 mL容量瓶中，用蒸馏水稀释至刻度，此溶液每升含亚硝酸根离子1.0 mg和硝酸根离子10.0 mg。

(6)亚硝酸盐和硝酸盐混合标准工作液：移取亚硝酸盐和硝酸盐混合标准中间液，加蒸馏水逐级稀释，制成系列混合标准工作液，亚硝酸根离子质量浓度分别为0.02、0.04、0.06、0.08、0.10、0.15、0.20 mg·L^{-1}；硝酸根离子质量浓度分别为0.2、0.4、0.6、0.8、1.0、1.5、2.0 mg·L^{-1}。

[方法与步骤]

1. 试样预处理

将谷物及其他植物样品除去可见杂质后，取有代表性试样50～100 g，粉碎后过0.30 mm孔筛，混匀，备用。

2. 样品提取

称取5 g试样至150 mL具塞锥形瓶中，加入80 mL蒸馏水、1 mL 1 mol·L^{-1}KOH溶液，超声提取30 min，每隔5 min振摇1次，保持固相完全分散。于75 ℃水浴5 min，取出冷却至室温，转入100 mL容量瓶中，加蒸馏水稀释至刻度后混匀。溶液经滤纸过滤后，取部分溶液10 000 r·min^{-1}离心15 min，取上清液备用。

3. 仪器条件

(1)色谱柱

氢氧化物选择性，可兼容梯度洗脱的二乙烯基苯-乙基苯乙烯共聚物基质，烷醇基季铵盐功能团的高容量阴离子交换柱，4 mm×250 mm(带保护柱4 mm×50 mm)，或性能相当的离子色谱柱。

(2)淋洗液

KOH溶液浓度为6～70 mmol·L^{-1}；洗脱梯度为：6 mmol·L^{-1} 30 min，70 mmol·L^{-1} 5 min，6 mmol·L^{-1} 5 min；流速为1.0 mL·min^{-1}。

(3)检测器

电导检测器，检测池温度为35 ℃；或紫外检测器，检测波长为226 nm。

(4)进样体积

50 μL(可根据试样中被测离子含量进行调整)。

4. 测定

(1)固相萃取柱活化

C18柱(1.0 mL)使用前依次用10 mL甲醇、15 mL蒸馏水通过，静置活化30 min；Ag柱(1.0 mL)和Na柱(1.0 mL)用10 mL蒸馏水通过，静置活化30 min。

(2)制作标准曲线

将系列标准工作液分别注入离子色谱仪中，得到系列标准工作液色谱图，测定相应的峰高或峰面积，以标准工作液中亚硝酸根离子或硝酸根离子的质量浓度为横坐标，以峰高或峰面积为纵坐标，绘制亚硝酸盐和硝酸盐标准曲线。

(3)试样溶液测定

将空白和试样溶液注入离子色谱仪中，得到空白和试样溶液的峰高或峰面积，根据标准曲线得到待测液中亚硝酸根离子或硝酸根离子的质量浓度。

5. 结果计算

按式(5-7-1)计算试样中亚硝酸离子或硝酸根离子含量：

$$X=\frac{(\rho-\rho_0)\times V\times f\times 10^3}{m\times 10^3} \tag{5-7-1}$$

式中：X—试样中亚硝酸根离子或硝酸根离子的含量($mg\cdot kg^{-1}$)；

ρ—测定用试样溶液中的亚硝酸根离子或硝酸根离子质量浓度($mg\cdot L^{-1}$)；

ρ_0—试剂空白液中亚硝酸根离子或硝酸根离子的质量浓度($mg\cdot L^{-1}$)；

V—试样溶液体积(mL)；

f—试样溶液稀释倍数；

10^3—换算系数；

m—试样取样量(g)。

试样中测得的亚硝酸根离子含量乘以换算系数1.5，即得亚硝酸盐(按亚硝酸钠计)含量；试样中测得的硝酸根离子含量乘以换算系数1.37，即得硝酸盐(按硝酸钠计)含量。

[注意事项]

(1)所有玻璃器皿使用前均依次用2 $mol\cdot L^{-1}$ KOH和蒸馏水分别浸泡4 h，然后用蒸馏水冲洗3～5次，晾干备用。

(2)本方法亚硝酸盐和硝酸盐检出限分别为0.2 $mg\cdot kg^{-1}$ 和0.4 $mg\cdot kg^{-1}$。

Ⅱ　分光光度法

[实验目的]

(1)了解分光光度法测定亚硝酸盐和硝酸盐含量的原理与方法。

(2)学习和掌握紫外分光光度计的操作和使用。

[实验原理]

试样经沉淀蛋白质、除去脂肪后，在弱酸条件下，亚硝酸盐与对氨基苯磺酸重氮化后，再与盐酸萘乙二胺偶合形成紫红色染料，用外标法测得亚硝酸盐含量。采用镉柱将硝酸盐还原成亚硝酸盐，测得亚硝酸盐总量，由测得的亚硝酸盐总量减去试样中亚硝酸盐含量，即得试样中硝酸盐含量。

［验材器材］

1. 实验材料

水稻、玉米、大豆等。

2. 实验仪器

紫外分光光度计、分析天平(0.000 1 g)、组织捣碎机、超声波清洗器、恒温烘箱、pH 计等。

3. 实验试剂

(1)HCl:分析纯。

(2)25% 氨水:分析纯。

(3)3% HAc 溶液:量取 3 mL HAc 于 100 mL 容量瓶中,以蒸馏水稀释至刻度。

(4)106 g · L^{-1} $K_4[Fe(CN)_6]$溶液:称取 106.0 g $K_4[Fe(CN)_6]$,用蒸馏水溶解并稀释至 1 000 mL。

(5)220 g · L^{-1} $ZnAc_2$ 溶液:称取 220.0 g $ZnAc_2$,溶于 30 mL HAc,用蒸馏水稀释至 1 000 mL。

(6)50 g · L^{-1} 饱和硼砂溶液:称取 5.0 g $Na_2B_4O_7 \cdot 10H_2O$ 溶于 100 mL 热水中,冷却后备用。

(7)4 g · L^{-1} 对氨基苯磺酸溶液:称取 0.4 g 对氨基苯磺酸溶于 100 mL 20% HCl,混匀后置于棕色瓶中避光保存。

(8)2 g · L^{-1} $CHN_2 \cdot 2HCl$ 溶液:称取 0.2 g $CHN_2 \cdot 2HCl$ 溶于 100 mL 蒸馏水中,混匀后置于棕色瓶中避光保存。

(9)氨缓冲液(pH 9.6~9.7):量取 30 mL HCl,加 100 mL 蒸馏水,混匀后加 65 mL 氨水,用蒸馏水稀释至 1 000 mL,混匀。

(10)氨缓冲液稀释液:量取 50 mL pH 9.6~9.7 氨缓冲液,加蒸馏水稀释至 500 mL,混匀。

(11)0.1 mol · L^{-1} HCl:量取 8.3 mL HCl,用蒸馏水稀释至 1 000 mL。

(12)2 mol · L^{-1} HCl:量取 167 mL HCl,用蒸馏水稀释至 1 000 mL。

(13)20% HCl:量取 20 mL HCl,用蒸馏水稀释至 100 mL。

(14)20 g · L^{-1} $CuSO_4$ 溶液:称取 20 g $CuSO_4 \cdot 5H_2O$,加蒸馏水溶解并稀释至 1 000 mL。

(15)40 g · L^{-1} $CdSO_4$ 溶液:称取 40 g $CdSO_4 \cdot 8H_2O$,加蒸馏水溶解并稀释至 1 000 mL。

(16)200 μg · mL^{-1} $NaNO_2$ 标准溶液:称取 0.10 g 经 110~120 ℃干燥至恒重的 $NaNO_2$,用蒸馏水溶解并定容至 500 mL。

(17)200 μg · mL^{-1} $NaNO_3$ 标准溶液:称取 0.123 2 g 经 110~120 ℃干燥至恒重的 $NaNO_3$,用蒸馏水溶解并定容至 500 mL。

(18)5.0 μg · mL^{-1} $NaNO_2$ 标准使用液:临用前吸取 2.5 mL $NaNO_2$ 标准溶液至 100 mL 容量瓶中,用蒸馏水定容至刻度。

(19)5.0 μg · mL^{-1} $NaNO_3$ 标准使用液:临用前吸取 2.5 mL $NaNO_3$ 标准溶液至 100 mL 容量瓶中,用蒸馏水定容至刻度。

［方法与步骤］

1. 预处理

预处理同离子色谱法。

2. 样品提取

称取5.0 g(如制备过程中加水,应按加水量折算)试样至250 mL具塞锥形瓶中,加入12.5 mL 50 g·L^{-1}饱和硼砂溶液、150 mL约70℃蒸馏水,混匀后置于沸水浴中加热15 min,取出放入冷水中冷却至室温。将提取液转入200 mL容量瓶中,加入5 mL 106 g·L^{-1} $K_4[Fe(CN)_6]$溶液,摇匀后再加入5 mL 220 g·L^{-1} $ZnAc_2$溶液沉淀蛋白质。加蒸馏水至刻度,摇匀后放置30 min,除去上层脂肪,上清液用滤纸过滤,弃初滤液30 mL,滤液备用待测。

3. 亚硝酸盐测定

吸取0、0.20、0.40、0.60、0.80、1.00、1.50、2.00、2.50 mL $NaNO_2$标准使用液(相当于0、1.0、2.0、3.0、4.0、5.0、7.5、10.0、12.5 μg $NaNO_2$),分别置于50 mL具塞比色管中;另吸取40.0 mL待测滤液于50 mL具塞比色管中。于标准管与试样管中分别加入2 mL 4 g·L^{-1}对氨基苯磺酸溶液,混匀后静置3~5 min,各加入1 mL 2 g·L^{-1} $CHN_2\cdot 2HCl$溶液,加蒸馏水至刻度,混匀后静置15 min。用1 cm比色皿,以零管调节零点,于波长538 nm处测吸光度,绘制标准曲线,并测定样品。同时做空白试验。

4. 硝酸盐测定

先以25 mL氨缓冲液稀释液冲洗镉柱,流速控制在3~5 mL·min^{-1}(以滴定管代替的可控制在2~3 mL·min^{-1})。吸取20 mL滤液于50 mL烧杯中,加5 mL pH 9.6~9.7氨缓冲液,混合后注入贮液漏斗,使流经镉柱还原,当贮液杯中的样液流尽后,加15 mL蒸馏水冲洗烧杯,再倒入贮液杯中。冲洗水流完后,再用15 mL蒸馏水重复1次,当第2次冲洗水快流尽时,将贮液杯装满水,以最大流速过柱。当容量瓶中的洗提液接近100 mL时,取出容量瓶,用蒸馏水定容刻度后混匀。

吸取10~20 mL还原后的样液于50 mL比色管中,后续步骤同亚硝酸盐测定。

5. 结果计算

(1)按式(5-7-2)计算亚硝酸盐的含量:

$$X_1=\frac{m_1\times 10^3}{m_2\times V_1/V_0\times 10^3} \tag{5-7-2}$$

式中:X_1—试样中亚硝酸钠的含量(mg·kg^{-1});

V_0—试样处理液总体积(mL);

V_1—测定用样液体积(mL);

m_1—测定用样液中亚硝酸钠的质量(μg);

m_2—试样质量(g);

10^3—转换系数。

(2)按式(5-7-3)计算硝酸盐的含量:

$$X_2=\left[\frac{m_3\times 10^3}{m_4\times\frac{V_3}{V_2}\times\frac{V_5}{V_4}\times 10^3}-X_1\right]\times 1.232 \tag{5-7-3}$$

式中:X_1—结果计算(1)中试样的亚硝酸钠含量(mg·kg^{-1});

X_2—试样中硝酸钠的含量(mg·kg^{-1});

m_3—经镉柱还原后测得总亚硝酸钠的质量(μg)；
m_4—试样质量(g)；
V_2—试样处理液总体积(mL)；
V_3—测总亚硝酸钠的测定用样液体积(mL)；
V_4—经镉柱还原后样液总体积(mL)；
V_5—经镉柱还原后样液的测定用体积(mL)；
10^3—转换系数；
1.232—亚硝酸钠换算成硝酸钠的系数。

[注意事项]

在重复性条件下获得的2次独立测定结果的绝对差值不得超过算术平均值的10%。

参考文献

国家粮食和物资储备局．粮油检验　粮食及其制品中有机磷类和氨基甲酸酯类农药残留的快速定性检测:LS/T 6139—2020.

环境保护部办公厅,国土资源部办公厅,农业部办公厅．关于印发全国土壤污染状况详查样品分析测试方法系列技术规定的通知．(2017-10-23)[2023-03-23]. https://www.mee.gov.cn/gkml/hbb/bgth/201711/t20171106_425226.htm.

林伟进,2021. 液相色谱-原子荧光光谱法(LC-AFS)法测定大米中的无机砷．食品安全导刊(35):94-96.

刘楚楚,刘倩倩,张艳敏,2020. 采用GC-MS/MS对酿酒原料中农残测量可靠性的探讨．酿酒,47(4):44-47.

马宏,吴宇,陈晋莹,等,2022. 生物荧光酶抑制法快速定性测定粮食中有机磷类和氨基甲酸酯类农药残留．中国粮油学报,37(2):167-174.

山东省市场监督管理局．土壤中农药残留量的测定　液相色谱-串联质谱法　第2部分:六种除草剂残留量的测定:DB37/T 4481.2—2021.

张雯,张婧婧,2022. 液相色谱-原子荧光联用法测定食用菌中4种砷形态．江苏预防医学,33(3):280-283.

中华人民共和国国家卫生和计划生育委员,中华人民共和国农业部,国家食品药品监督管理总局．食品安全国家标准　食品中有机磷农药残留量的测定　气相色谱-质谱法:GB 23200.93—2016.

中华人民共和国国家卫生和计划生育委员会,国家食品药品监督管理总局．食品安全国家标准　食品中镁的测定:GB 5009.241—2017

中华人民共和国国家卫生和计划生育委员会,国家食品药品监督管理总局．食品安全国家标准　食品中亚硝酸盐与硝酸盐的测定:GB 5009.33—2016.

中华人民共和国国家卫生健康委员会,国家市场监督管理总局．食品安全国家标准　食品中镉的测定:GB 5009.15—2023.

中华人民共和国国家卫生健康委员会,国家市场监督管理总局．食品安全国家标准　食品中铅的测定:GB 5009.12—2023.

中华人民共和国国家卫生健康委员会,国家市场监督管理总局．食品安全国家标准　食品中总砷及无机砷的测定:GB 5009.11—2024.

中华人民共和国国家质量监督检验检疫总局,中国国家标准化管理委员会.粮油检验　谷物及其制品中钠、镁、钾、钙、铬、锰、铁、铜、锌、砷、硒、镉和铅的测定　电感耦合等离子体质谱法:GB/T 35876—2018.

中华人民共和国国家质量监督检验检疫总局.出口粮谷中多种有机磷农药残留量测定方法　气相色谱-质谱法:SN/T 3768—2014.

中华人民共和国农业农村部.禁限用农药名录.(2019-11-29)[2023-04-29].http://www.moa.gov.cn/xw/bmdt/201911/t20191129_6332604.htm.

中华人民共和国卫生部,中国国家标准化管理委员会.蔬菜中有机磷和氨基甲酸酯类农药残留量的快速检测:GB/T 5009.199—2003.

第 6 章　作物产量调查研究

粮食安全关系国计民生，粮食是国民经济的基础，是人民生活的基本保障。当前我国谷物总产量稳居世界首位，十四亿多人的粮食安全、能源安全得到有效保障。我国粮食总产增加主要通过提高单产和扩大种植面积两条途径，其中单产提高的贡献为 67.3%，扩大播种面积的贡献为 32.7%，可见科技创新提高粮食单产效果显著。因此，在夯实粮食安全根基，牢牢守住十八亿亩耕地红线的前提下，逐步把永久基本农田全部建设成为高标准农田，扎实推进粮食生产基地建设，实施种业振兴，持续提升农业科技水平，增强粮食产出能力意义重大。

实验 6-1　水稻产量测定

[实验目的]

学习水稻田间测产方法，了解水稻产量构成及其相互关系。

[实验原理]

水稻产量由单位面积有效穗数、每穗粒数(每穗颖花数)、结实率和千粒重 4 个基本因素构成。因此，通过测量产量构成因素，可计算水稻理论产量。

[实验器材]

1. 实验材料

成熟稻田，水稻植株。

2. 实验器具

分析天平(0.01 g)、面积测量仪、稻谷水分测量仪、数粒仪、计算器、测产框、剪刀等。

[方法与步骤]

1. 田间测产方法

(1)全田实际收割法

小面积测产时，可进行水稻全田收割、脱粒、称湿谷重。采用面积测量仪测量田块面积，采用稻谷水分测量仪测定湿谷水分，折算成干谷，有条件的则送入干燥设备中烘干称重，计算每亩干谷产量。

(2)小面积试割法

选择有代表性的小田块。①确定取样点。要求样点有代表性，可在田间按梅花取样法取样，每亩设5个样点。②每个样点用1 m^2 测产框量1 m^2 面积水稻进行收割、脱粒、称湿谷重。大面积测产中，取样点可适当扩大。③采用面积测量仪测量田块面积，以全田各样点的平均值估测全田湿谷总产量。④利用稻谷水分测量仪测定湿谷水分，折算成干谷，有条件的则送入干燥设备中烘干称重，计算每亩干谷产量。

2. 水稻产量测定

水稻单位面积产量是单位面积有效穗数、每穗平均实粒数和粒重的乘积，通过调查该三因素可测算理论产量。

(1)确定取样点

根据田块大小及田间生长状况设定取样点，取样点力求具有代表性和均匀分布。常用的取样方法有五点取样法、八点取样法和随机取样法等。

(2)每公顷穴数

测定株距和行距，测算单位面积总穴数。用皮尺测量每个样点11株水稻的株距和行距，除以10可知每样本的株距、行距。以各样点平均值作为代表田的平均株距、行距，并按公式估测全田总株数：

$$\text{每公顷穴数}=\frac{10\ 000\ \text{m}^2}{\text{平均株距(m)}\times\text{平均行距(m)}} \tag{6-1-1}$$

(3)每公顷有效穗数

每个样点上，连续数10～20穴稻株有效穗(结实粒数≥5粒·穗$^{-1}$)，每亩共调查100穴，以5个样点的平均值作为全田每穴平均有效穗数，计算每公顷有效穗数。

$$\text{每公顷有效穗数}=\text{每公顷实际穴数}\times\text{每穴平均有效穗数} \tag{6-1-2}$$

(4)每穗总粒数、实粒数和结实率

各样点按照平均有效穗数收获稻株1～2蔸，编号并装入网袋，带回室内考种。将样本小心脱粒，调查每蔸有效穗的实粒数、空粒数和总粒数，以每穴总实粒数除以每穴有效穗数，得出该样点平均每穗实粒数。再将各点平均，则得出全田平均每穗实粒数。即：

$$\text{每穗实粒数}=\frac{\text{每穴总实粒数}}{\text{每穴有效穗数}} \tag{6-1-3}$$

(5)千粒重

随机选取脱粒后的实粒数1 000粒，于84 ℃烘箱内烘干约24 h，谷粒达恒重后称重，即为千粒重(g)。

(6)理论产量

$$\text{理论产量}(\text{kg}\cdot\text{hm}^{-2})=\frac{\text{每公顷有效穗数}\times\text{每穗实粒数}\times\text{千粒重(g)}}{10^6} \tag{6-1-4}$$

[注意事项]

湿谷水分测定一般应重复测定 3 次,计算平均值。

实验 6-2　玉米产量测定

[实验目的]

学习玉米田间测产方法,了解玉米产量构成及其相互关系。

[实验原理]

玉米产量由每亩穗数、穗粒数、千粒重等因素构成,因此通过测量玉米产量构成三因素,可计算玉米理论产量。

[实验器材]

1. 实验材料

成熟玉米大田,玉米植株。

2. 实验器具

分析天平(0.01 g)、钢卷尺、皮卷尺、卡尺、瓷盘、剪刀等。

[方法与步骤]

1. 理论测产

(1)选取样点

根据测产目的将测产田划分成若干片,每片随机取 3 个地块,每个地块随机取 3 个样点。

(2)亩收获穗数

每个样点量 10 个行距计算平均行距,在 10 行中选取有代表性的双行 20 m,数出株数和穗数,计算亩收获株数和亩收获穗数。

$$每亩株数=\frac{666.7\ m^2}{平均株距(m)\times平均行距(m)} \tag{6-2-1}$$

(3)平均穗粒数

在每个测定样点内每 5 穗收取 2 个果穗,共计收获 20 穗作为样本测定穗粒数,计算平均穗粒数。

(4)产量计算

$$理论产量(kg\cdot666.7\ m^{-2})=\frac{每亩收获穗数\times穗粒数\times千粒重(g)}{10^6}\times0.85 \tag{6-2-2}$$

式中:百粒重可查被测品种前三年平均数或品种公告公布数;

0.85—折算系数;

10^6—将产量单位换算为 kg。

2. 实收测产

(1)选取样点

将测产田分成若干片,每片随机取3个地块,每个地块选取有代表性样点6行,面积>67 m^2(试验按小区面积)。

(2)田间实收

每个样点收获全部果穗,计算果穗数,称取所有果穗鲜重,并计算果穗平均鲜重。按平均穗重法选取20个果穗作为标准样本测定鲜穗出籽率和含水率,并准确测量收获样点实际面积。

(3)籽粒含水率

用种子水分测定仪测定籽粒含水率,每点重复测定10次,求平均值。

(4)鲜穗出籽率

对选取的20个果穗称重,脱粒并称籽粒质量,计算鲜穗出籽率。

$$\text{鲜穗出籽率}=\frac{\text{20个果穗籽粒质量}}{\text{20个果穗鲜重}}\times 100\% \tag{6-2-3}$$

(5)实测产量

$$\text{实测产量}(\mathrm{kg}\cdot 666.7\ \mathrm{m}^{-2})=\frac{\text{收获鲜穗重}\times\text{鲜穗出籽率}\times 666.7\ \mathrm{m}^2}{\text{收获样点实际面积}}\times\frac{1-\text{籽粒含水率}}{1-14\%} \tag{6-2-4}$$

[注意事项]

玉米收获后需晒干后才好脱粒,籽粒水分降至14%左右可装包贮藏。

实验6-3 花生产量测定

[实验目的]

学习花生田间测产方法,了解花生产量构成及其相互关系。

[实验原理]

花生单位面积荚果产量是每公顷有效株数、单株饱果数、荚果重的乘积;单位面积籽仁产量则是每公顷有效株数、单株饱果数、荚果重、出仁率的乘积。通过测定各产量构成因素,可计算花生荚果或花生果仁产量。

[实验器材]

1. 实验材料

花生试验田,花生植株。

2. 实验器具

分析天平(0.01 g)、米尺、计数器、铲、布袋等。

［方法与步骤］

1. 小面积试收法

在大面积测产中，选择有代表性的小田块，进行全部收获，将所有植株上饱果摘下，称鲜荚果重，有条件的则送入干燥器烘干称重。一般春花生按55%折干，夏花生按50%计；或取混合均匀鲜荚果晒干，再算出折合率。同时测量该小田块面积，计算每公顷干荚果产量。

2. 理论测产法

(1)选点取样

在一块田内选取5个样点，每个样点选出有代表性植株10～20株。

(2)测定行距、株距

每个取样点上，测量21穴的横、直距离，分别除以10，求出该点的行距、株距，再统计各点的数值，求出平均行距、株距，按式(6-3-1)计算每公顷穴数。

$$\text{每公顷穴数}=\frac{10\ 000\ \text{m}^2}{\text{平均株距(m)}\times\text{平均行距(m)}} \tag{6-3-1}$$

(3)每公顷饱果数

每个取样点连续取样5～10穴(每公顷田一般共调查50穴)，仔细挖出取样点上的植株，拾起落果，数清每个取样点株数。将各取样点所有植株上饱果、秕果摘下，分别计数各取样点的双、单仁饱果秕果数。统计各取样点及全田平均每穴果数或每株果数及双仁果率、饱果率，按式(6-3-2)计算每公顷饱果数。

$$\text{每公顷饱果数}=\text{每公顷穴数}\times\text{每穴平均饱果数} \tag{6-3-2}$$

(4)理论产量

结合该品种常年每千克果数、双仁果率和饱果率，估算每千克果数，按式(6-3-3)推算产量。

$$\text{预测产量}(\text{kg}\cdot\text{hm}^{-2})=\frac{\text{每公顷穴数}\times\text{每穴饱果数}}{\text{每千克饱果数}} \tag{6-3-3}$$

若已知该品种百荚果重和出仁率，则按下式推算产量。

$$\text{荚果重}(\text{kg}\cdot\text{hm}^{-2})=\frac{\text{每公顷穴数}\times\text{每穴饱果数}\times\text{百荚果重(kg)}}{100} \tag{6-3-4}$$

$$\text{果仁重}(\text{kg}\cdot\text{hm}^{-2})=\frac{\text{每公顷穴数}\times\text{每穴饱果数}\times\text{百荚果重(kg)}\times\text{出仁率}}{100} \tag{6-3-5}$$

［注意事项］

(1)如需计算产量干重，理论产量应乘以折干率。

(2)折干率按照统一规定的入库荚果含水量10%的标准计算。

$$\text{折干率}=\frac{\text{烘干样质量}}{\text{烘干样鲜重}\times 0.9}\times 100\% \tag{6-3-6}$$

实验6-4 大豆产量测定

［实验目的］

学习大豆田间测产方法，了解大豆产量构成及其相互关系。

［实验原理］

大豆产量由单位面积株数、单株荚数、每荚粒数及百粒重4个因素构成。每荚粒数和百粒重主要受遗传因素控制，因此产量主要受株数和单株荚数的影响，而株数与单株荚数呈一定负相关关系。通过对产量构成因素的调查，可推算其理论产量。

［实验器材］

1. 实验材料

收获期大豆。

2. 实验器具

烘箱、分析天平(0.01 g)、卷尺、剪刀、纸袋等。

［方法与步骤］

1. 选点测亩株数

选取3～5个有代表性样点，用卷尺测量面积，计算样点内株数，换算成每公顷株数。或通过测定行距、株距计算亩株数。

$$\text{每亩株数}=\frac{666.7\ \text{m}^2}{\text{平均株距(m)}\times\text{平均行距(m)}} \tag{6-4-1}$$

2. 大豆植株农艺性状调查

从样株中选取10～20株，逐株考查以下指标：

(1)株高：从子叶或地面测至主茎顶端生长点的高度(cm)。

(2)分枝数：主茎上的有效分枝(结有有效荚的分枝)数目。

(3)分枝起点：从子叶节至第1个有效分枝着生处的长度(cm)。

(4)主茎节数：从子叶至主茎顶端的实际节数(不计顶端花序)。

(5)单株荚数：1株上有效荚(荚内种子≥1粒)数目。

(6)单荚粒数：单株总粒数除以单株荚数。

(7)百粒重：晒干后100粒饱满种子重量(g)。

3. 大豆籽粒性状考察

(1)粒色：分白黄、黄、深黄、绿、褐、黑、双色。

(2)脐色：分白黄、黄、淡褐、褐、深褐、蓝、黑。

(3)粒形：分圆、椭圆、扁圆。

(4)光泽：分有、微、无。

(5)虫食率:从未经粒选种子中随机取 1 000 粒(单株考种取 100 粒),挑出虫食粒。

(6)病粒率:从未经粒选种子中随机取 1 000 粒(单株考种时取 100 粒),挑出病粒。

4. 结果计算

大豆产量构成因素包括单位面积荚数(株数×每株荚数)、每荚粒数和粒重。大豆产量按式(6-4-2)计算:

$$产量(kg \cdot hm^{-2})=\frac{每公顷株数\times每株荚数\times每荚粒数\times百粒重(g)}{1\,000\times100} \tag{6-4-2}$$

[注意事项]

株数受播种密度、出苗率及定苗密度影响,可通过栽培措施进行调控。

实验 6-5　甘蔗产量测定

[实验目的]

学习甘蔗田间测产方法,掌握甘蔗成熟的鉴定方法。

[实验原理]

工艺成熟度是鉴定甘蔗是否成熟的一个重要指标,通过测定田间蔗汁锤度和蔗汁锤度比,可判定甘蔗成熟度。

甘蔗产量由单位面积有效茎数和单茎重量两个因素构成,通过测定两个产量构成因素,可计算单位面积甘蔗的理论产量。

[实验器材]

1. 实验材料

甘蔗试验田,甘蔗植株。

2. 实验器具

皮尺、游标卡尺、米尺、记录本、锤度计、天平、压蔗钳、蒸馏水、纱布、麻绳、纸牌等。

[方法与步骤]

1. 甘蔗工艺成熟度

在蔗田中取 3～5 个点,取有代表性蔗茎 30 条,分别测定其上、中、下三部分蔗汁锤度,并计算各蔗茎平均蔗汁锤度和蔗汁锤度比。

(1)蔗汁锤度

锤度是蔗汁中所含总固溶物(包括糖分、还原糖、钙盐及其他可溶物质)的质量占蔗汁质量的百分比。

$$蔗汁锤度=\frac{蔗汁总固溶物质量}{蔗汁质量}\times100\% \tag{6-5-1}$$

(2)蔗汁锤度比

测定蔗汁锤度比时，每茎选择上、下两个部分的节间钻孔采汁，上部以最上一片枯叶所包裹的节间为准，下部以土面上的第一节间为准。

$$\text{蔗汁锤度比(成熟度)}=\frac{\text{上部节间锤度}}{\text{基部节间锤度}}\times 100\% \tag{6-5-2}$$

蔗汁锤度比大于 1.0 时，甘蔗过熟；介于 0.95～1.0 时为全熟；介于 0.9～0.95 时为初熟。

2. 田间产量预测

甘蔗单位面积产量取决于单位面积内的有效茎数和茎重，而茎重又受茎长和茎径影响。

(1)单位面积内有效茎数

选择测产田块，按对角线取样 3～5 个点，每个点调查 3～7 m 行长内的有效茎数，然后求出每米平均有效茎数。再在取样点内随机抽取 3～5 个点，量其行距，求出平均行距，按式(6-5-3)计算。

$$\text{亩有效茎数}=\frac{\text{每米平均有效茎数}\times 666.7}{\text{平均行距(m)}} \tag{6-5-3}$$

(2)单茎重

① 直接砍蔗称重：在测量田块内，选择有代表性的 3～5 个点，每个点取 5～10 株甘蔗，按原料甘蔗收获标准砍下直接称重，求平均单茎重。

② 利用公式：可在样点内连续取 20 株甘蔗，分别测量茎径(茎中部节间的直径)和茎长，利用式(6-5-4)计算单茎重。

$$\text{单茎重(kg)}=\frac{0.785\,4\times\text{茎径}^2\times\text{茎长}\times\text{茎比重}}{1\,000} \tag{6-5-4}$$

式中，茎径和茎长以厘米(cm)为单位，茎比重的取值一般为 1。

(3)结果计算

按式(6-5-5)计算每公顷蔗茎产量：

$$\text{每公顷蔗茎产量(kg)}=\text{每公顷有效茎数}\times\text{单茎重(kg)} \tag{6-5-5}$$

[注意事项]

(1)刻度尺上读出的锤度，是可溶性物质总浓度(蔗糖和其他成分)，一般乘以系数 0.83 才是真实的含糖率。

(2)锤度测定还受温度影响，温度高则溶液密度低，温度低则溶液密度高。以 20 ℃为标准温度，测定时的温度高出 20 ℃或低于 20 ℃时，需进行校正。

实验 6-6 甘薯产量测定

[实验目的]

了解甘薯田间测产方法。

［实验原理］

甘薯、马铃薯等薯类作物产量由单位面积株数、每株薯块数和单薯重构成，通过测定该三因素，可计算单位面积薯类作物的理论产量。

［实验器材］

1. 实验材料

甘薯田块，甘薯植株。

2. 实验仪器

天平、小刀、卷尺、锄头等。

［方法与步骤］

甘薯大田产量测定，一般通过选点和取样的方式进行，取样须合理且具有代表性。常用五点取样法，即在每块田中，按对角线选 5 个点进行调查，如田块过大可用七点取样法，田块面积小时，也可用三点取样法。

1. 选点

在田间选择具有代表性的样段 3～5 个，测定株距和行距。

2. 行距

每个点实测 11 条埂（10 个行）的距离，测定时应以埂中央的植株基部为基准，求出平均行距。

3. 株距

每个点实测 11 株（10 个株间）的距离，求出平均距离，再求出每公顷株数。

$$\text{每公顷株数(株}\cdot\text{hm}^{-2}\text{)}=\frac{10\ 000\ \text{m}^2}{\text{平均株距(m)}\times\text{平均行距(m)}} \tag{6-6-1}$$

4. 产量

每点取样 10 株，大田块共计 50 株，小田块共计 30 株。去掉薯块粘的泥土及屑薯后，统计单株结薯数、平均单薯重，求其平均值，计算产量。

$$\text{产量(kg}\cdot\text{hm}^{-2}\text{)}=\text{每公顷株数}\times\text{单株结薯数}\times\text{平均单薯重(kg)} \tag{6-6-2}$$

［注意事项］

选点时，如遇到粪堆底、缺苗断垄或植株生长特殊不具代表性时，应避开并重新选点。

实验 6-7　烟叶经济性状测定

［实验目的］

了解烟草鲜叶经济性状测定方法，掌握烤烟干叶品级指数和产量指数的计算方法。

［实验原理］

烟叶的产量是指经济产量，即有经济价值的叶片数量，由单位面积株数、单株留叶数、单叶干重三大要素构成。通过测定三要素可计算烟叶产量，结合烟叶品级，可计算烟叶产量指数，进而衡量单位面积烟叶的经济效益。

［实验器材］

1. 实验材料

主推烟草品种植株鲜叶、烤烟干叶分级标本。

2. 实验仪器

叶面积仪、游标卡尺、卷尺等。

［方法与步骤］

1. 鲜叶经济性状测定

通常在开花初期（或打顶后）取中部叶 10 片，对下述性状进行鲜叶经济性状测定，测定结果记录在表 6-7-1 中。

（1）叶片大小：测定叶片大小有 3 种方式。① 长×宽；② 长×宽×0.65（折算指数因品种而异）；③ 用求积法或称重法（即对已测知叶面积的叶片称其干重，再与全部叶片的干重相比推算）。

（2）叶重：用单叶重或百叶重来表示，或用单位面积质量表示。

$$叶重(g \cdot cm^{-2}) = \frac{单叶重(g)}{单叶面积(cm^2)} \tag{6-7-1}$$

（3）叶厚：将大小相似的叶片重叠，用游标卡尺或螺旋测微尺在主脉附近的基部、中部、顶部测量叶肉厚度，以平均值表示。

（4）主脉粗细：一般分为粗、中、细三级，以粗细适中为好。

（5）主脉占叶片比重：（主脉重/叶片重）×100%。

（6）叶色：分为深绿、绿色、浅绿和黄绿等，以浅绿和绿色为生长正常。

烟叶经济性状记录表见表 6-7-1。

表 6-7-1　烟叶经济性状记录表

品种	叶片号	叶片大小/cm^2	单叶面积/cm^2	叶厚/cm	单叶重/g	主脉粗细	叶色	叶肉组织	备注

注：叶肉组织分粗糙、中等、细致三级。

2. 烤烟叶分级

国家烤烟叶分级标准是根据叶片着生部位、叶片颜色和其他外观特征（包括油分组织、光泽、杂色、残伤、破损等）三项指标划分等级的，如表 6-7-2 所示。

表 6-7-2 国家标准烤烟品质规定

组别	级别	级别代号	油分组织	光泽	颜色	杂色允许程度	残伤	
							包括残伤面积大于叶面的比率/%	其中面积不大于叶面的比率/%
中下部黄色	1	中黄 1	油润、丰满、细致	鲜明	金黄、正黄	轻微杂色	7	5
	2	中黄 2	油润、尚丰满、细致	尚鲜明	正黄、金黄	轻微杂色 15%	10	7
	3	中黄 3	尚油润、尚丰满、尚细致	稍暗	淡黄、金黄	稍微小花片 29%	20	15
	4	中黄 4	稍油润、稍粗松	较暗	淡黄、深黄	小花片 30%	25	20
	5	中黄 5	微油润、较粗松	暗	土黄	较多小花片或稍带大花片 40%	35	30
	6	中黄 6	粗松	暗	—	较多大花片 55%	50	35
上部黄色	1	上黄 1	油润、尚丰满、细致	鲜明	深黄、正黄	轻微杂色	10	7
	2	上黄 2	尚油润、稍粗糙	稍暗	正黄、金黄	稍带小花片	20	15
	3	上黄 3	稍油润、较粗糙	较暗	淡黄、金黄	小花片	30	20
	4	上黄 4	微油润、较粗糙	暗	淡黄、深黄	较多小花片或稍带大花片 40%	40	25
	5	上黄 5	粗糙	暗	土黄	较多大花片 55%	50	35
青黄色	1	青黄 1	尚油润、稍丰满、较细致	稍暗	黄多、青少	稍带小花片	20	15
	2	青黄 2	稍油润、稍粗松、较细致	较暗	青黄	小花片	30	25
	3	青黄 3	—	暗	青多、黄少	较多小花片或稍带大花片	40	30
	末级	末级				清片、褐片、灰片、严重花片	—	40

资料来源：陈德华．作物栽培学研究实验法．科学出版社，2018：200。

3. 品级指数和产量指数计算

(1)品级指数:是将各级烟按价换算成同一单位的商品价格指数。级指越高,表示品质越好。

计算方法:

a) 将分级后各等级烟叶产量分别依照等级列表登记。

b) 求产量百分率

$$某级烟叶产量百分率=\frac{某级烟叶产量}{试验小区产量}\times 100\% \tag{6-7-2}$$

c)求品级指数

$$品级指数=\frac{某级烟叶\ 100\ kg\ 的价格}{一级烟叶\ 100\ kg\ 的价格} \tag{6-7-3}$$

(2)产量指数:衡量单位面积经济效益大小的指标,是品级指数与每亩产量的乘积,产量指数越高表示总收益越大。

$$产量指数 = 品级指数\times 产量 \tag{6-7-4}$$

[注意事项]

提高烟叶产量必须根据烟叶的生产特点,在保证最佳质量的前提下,尽可能地提高产量。

参考文献

陈灿,2016. 作物学实验技术. 长沙:湖南科学技术出版社.

陈德华,2018. 作物栽培学研究实验法. 北京:科学出版社.

程思忍,2019. 保护性耕作与栽培措施对香稻香气和产量形成的影响:博士论文. 广州:华南农业大学.

刁操铨,1994. 作物栽培学各论(南方本). 北京:中国农业出版社.

杜斌,2020. 保护性耕作下施肥措施和基本苗对香稻香气和产量的影响:博士论文. 广州:华南农业大学.

农业部办公厅,2008. 关于印发《全国粮食高产创建测产验收办法(试行)》的通知. 中华人民共和国农业部公报,82:37-40.

唐湘如,2014. 作物栽培学. 广州:广东高等教育出版社.

韦海斌,2013. 玉米产量测定方法的应用探讨. 现代农业(9):43.

第7章　作物品质检验

改革开放以来，随着经济快速发展和人民生活水平的提高，人民生活逐渐由吃得饱向吃得好、吃得健康转变，即要求作物品质不但安全，还要健康有营养。党和国家将人民健康视为民族昌盛和国家强盛的重要标志，把保障人民健康放在优先发展的战略位置。掌握作物品质检验标准和品质分级，不但能提高农产品经济价值，提升农产品国际竞争力，促进加工业和畜牧业的发展，还能改善人体健康，增进民生福祉，提高人民生活品质，推进健康中国建设。

实验7-1　稻米品质测定

[实验目的]

(1)学习和了解稻米品质性状测定方法。

(2)掌握测定2-乙酰基-1-吡咯啉(2-acetyl-1-pyrroline，2-AP)含量的原理和方法。

[实验原理]

稻米品质是一个综合指标，主要包含碾磨品质(糙米率、精米率、整精米率)、外观品质(垩白粒率、垩白面积、垩白度、长宽比)、蒸煮品质(胶稠度、直链淀粉含量)、食味品质(大米食味值、米饭食味值)和营养品质(蛋白质等)，因此稻米品质的评价是对上述指标的综合评价。

2-乙酰基-1-吡咯啉是香稻香气特征物质，利用2-AP溶于有机溶剂的特点，将2-AP溶于乙醚，高温条件下，挥发物2-AP遇乙醚气体后冷凝成含有2-AP的乙醚萃取液，然后通过GC-MS测得2-AP含量。

[实验器材]

1. 实验材料

普通稻谷、香稻谷。

2. 实验仪器

气相色谱-质谱联用仪(GC-MS仪)、近红外谷物品质分析仪(福斯 Infratec^{TM} 1241)、大米食味计(东孚 JSWL)、米饭食味计(佐竹 STA1B)、大米外观品质分析系统(万深 SC-E)、砻谷机(大竹 FC2K)、检验碾米机(JNMJ6)、碎米分离器(JFQS-13×20)、磨粉机、分析天平(0.000 1 g)、无菌注射器、有机型针头过滤膜(孔径0.22 μm)等。

3. 实验试剂

(1)Na_2SO_4:分析纯。

(2)乙醚:色谱纯。

(3)2,4,6-三甲基嘧啶(TMP)。

(4)95%乙醇:分析纯。

(5)0.2 mol·L^{-1} KOH溶液:称取0.8 g KOH,用蒸馏水溶解并定容至100 mL。

(6)0.025%百里酚蓝指示剂:称取25.0 mg百里酚蓝,用95%乙醇溶解并定容至100 mL。

[方法与步骤]

稻谷收获后晒干,储藏3个月后测定其品质性状,包括:碾磨品质(糙米率、精米率、整精米率);米粒外观品质(垩白粒率、垩白面积、垩白度、长宽比);蒸煮品质和食味品质(胶稠度和直链淀粉含量);蛋白质含量等营养品质。

1. 碾磨品质

称取洁净稻谷试样100 g,用砻谷机脱壳后除去残余的少量颖壳,称重计算糙米率。称取50 g糙米,用检验碾米机碾磨60 s以去掉种皮,然后用1.0 mm圆孔筛筛去糠层,待精米冷却至室温后称重并计算精米率。将精米通过孔径为1.8 mm和2.0 mm的圆孔筛,与人工筛选相结合去除碎米,称重并计算整精米率。

分别按式(7-1-1)、式(7-1-2)和式(7-1-3)计算糙米率、精米率和整精米率:

$$\text{糙米率}=\frac{\text{糙米重(g)}}{\text{试样谷重(g)}-\text{未脱壳谷重(g)}}\times 100\% \tag{7-1-1}$$

$$\text{精米率}=\frac{\text{精米重(g)}}{\text{糙米重(g)}}\times 100\% \tag{7-1-2}$$

$$\text{整精米率}=\frac{\text{整精米重(g)}}{\text{糙米重(g)}}\times\text{糙米率} \tag{7-1-3}$$

2. 外观品质

采用图像分析方法,使用大米外观品质分析系统对稻米整精米的垩白粒率、垩白面积、垩白度、粒型(长宽比)、透明度等外观品质性状进行测定分析。

3. 蒸煮品质

(1)胶稠度的测定

将精米试样(含水量不足12%的样品按照12%的含水量换算后给予适当的增减)通过粉碎机碾磨成细粉,过100目筛孔。准确称量过100目筛的精米米粉0.100 0 g,加入玻璃试管[13 mm×110 mm,内径(11.00±0.2) mm]底部,加入0.2 mL 0.025%百里酚蓝指示剂,轻摇试管以防淀粉结块;再加入2.0 mL 0.2 mol·L^{-1} KOH溶液,轻轻摇动试管,勿使米粉沉淀。将试管放入沸水浴中,用玻璃球盖上试管口,防止加热时蒸汽逸散,加热时沸腾米胶高度应该始终在试管长度的2/3左右。加热8 min后取出,在室温下冷却5~10 min,再置于0 ℃冰水浴中冷却20 min。然后取出试管放在铺有坐标纸的水平台上,室温控制在(23±2) ℃,静置1 h后,测量米胶流动长度(mm)。每个样品重复测定1次,超过误差范围则重测。

(2)直链淀粉含量

① 分光光度法。参照实验4-2中Ⅱ直链淀粉含量测定。

② 快速无损检测。准备大米约 300 g,采用近红外谷物品质分析仪,待仪器通过自检后,选择大米定标模型,快速无损测定大米直链淀粉及蛋白质含量。

4. 食味品质

(1)大米食味值

准备整精米约 300 g,采用大米食味计快速无损检测大米食味值。

(2)米饭食味值

准备整精米 100～200 g,淘洗后加入电饭煲,加入适量清水进行蒸煮。待煮熟后采用米饭食味计配套工具将米饭压制成一定厚度的圆形饭团,然后放入米饭食味计测定米饭食味值。

5. 香米香气

(1)样品制备

称取 5 g 研磨好的样品放入玻璃瓶,加入 10 mL 色谱纯二氯甲烷,盖上密封圈,拧紧瓶盖稍许振荡摇匀,在瓶身标注处理编号,用橡皮筋固定在一起后放入注满水的超声波清洗机,40 kHz、40 ℃左右超声 240 min。取出样品瓶冷却至室温,加适量无水亚硫酸钠后立即用 2 mL 无菌注射器吸取上清液,并通过有机型针头过滤膜将上清液注入顶空样品瓶。加入 2 μL 浓度为 0.091 7 $g \cdot L^{-1}$ 的 2,4,6-三甲基吡啶(2,4,6-trimethylpyridine,TMP)作为内标物,立即进行 GC-MS 测定。

(2)上机测定

采用 GC-MS 仪和 TMP 内标法标定香气物质相对含量。

色谱条件:SH-Rxi-5Sil MS 色谱柱,长度为 30 m,内径为 0.25 mm,膜厚为 0.25 μm[色谱柱升温程序:40 ℃保持 1 min,再以 2 $℃ \cdot min^{-1}$ 升温到 65 ℃,保持 1 min,然后以 10 $℃ \cdot min^{-1}$ 升温到 220 ℃];载气为氦气(纯度>99.999%);采用恒压不分流进样方式,进样量为 2 μL。

质谱条件:电子轰击(EI)离子源,离子源温度为 200 ℃,离子化能量为 70 eV;接口温度为 250 ℃,四级杆温度为 150 ℃;采用全扫描方式,扫描范围为 m/z 35～160。

(3)结果计算

按式(7-1-4)计算香气物质 2-乙酰基-1-吡咯啉(2-AP)含量:

$$\text{2-AP 含量}(\mu g \cdot kg^{-1}) = \frac{A_2 \times C_1 \times V \times 10^3}{A_1 \times W} \tag{7-1-4}$$

式中:A_1—TMP 色谱图中的峰面积;

A_2—2-AP 色谱图中的峰面积;

C_1—TMP 含量($\mu g \cdot mL^{-1}$);

V—提取体积(mL);

W—样品质量(g)。

[注意事项]

(1)糙米率和精米率的 2 次测定结果相差应不超过 1.0%,整精米率的 2 次测定结果相差应不超过 2.0%。

(2)大米和米饭食味值测定时,如发现测定结果波动较大,应增加测量样本数量,以提高精确度。

实验 7-2 玉米品质测定

[实验目的]

掌握玉米品质性状的测定原理与方法。

[实验原理]

玉米品质主要有籽粒容重、籽粒密度、糖分、蛋白质、淀粉和粗脂肪等指标，它是一个综合指标，对其评价则是对上述指标的综合评价。糖分、淀粉、蛋白质等的测定原理见第4章各实验。粗脂肪测定则是将粉碎、分散且干燥的试样用有机溶剂回流提取，使试样中的脂肪被溶剂抽提出来，回收溶剂后所得到的残留物，即为粗脂肪。

[实验器材]

1. 实验材料

玉米籽粒若干。

2. 实验仪器

近红外谷物品质分析仪（福斯 Infratec™ 1241）、GHCS-1000 型谷物容重器、分析天平（0.000 1 g）、手持糖量计、粉碎机、水浴锅、电热恒温箱、移液器、索氏脂肪抽提器、量筒、烧杯、榨汁钳、培养皿、卷纸等。

3. 实验试剂

(1)无水乙醚：分析纯。

(2)60%乙醇：分析纯。

(3)2% Na_2CO_3 溶液：称取 2.0 g Na_2CO_3，用蒸馏水溶解并定容至 100 mL。

(4)0.4 $mol \cdot L^{-1}$ 柠檬酸缓冲液：称取 4.202 g 柠檬酸和 5.88 g 柠檬酸三钠，用蒸馏水溶解并定容至 100 mL。

(5)茚三酮试剂：称取 40 mg $SnCl_2$，溶于 25 mL 柠檬酸缓冲液中；称取 1 g 茚三酮，溶于 25 mL 95%乙醇中；两者混合摇匀，滤去沉淀，上清液置冰箱保存。

(6)0.02 $mol \cdot L^{-1}$ HCl：量取 0.17 mL 12 $mol \cdot L^{-1}$ HCl，用蒸馏水定容至 100 mL。

(7)200 $\mu g \cdot mL^{-1}$ 亮氨酸标准液：称取 20 mg 亮氨酸，加数滴 0.02 $mol \cdot L^{-1}$ HCl 溶解，用蒸馏水定容至 100 mL。

[方法与步骤]

1. 外观品质测定

(1)籽粒容重

打开 GHCS-1000 型谷物容重器箱盖，取出所有部件，选用下口直径为 40 mm 的漏斗。按照使用说明书进行安装、校准，将带有排气砣的容量筒放在电子秤上称重，并清零；取下容量筒，倒出排气砣，将容量筒牢固平稳地安装在铁板底座上，插上插片，放上排气砣，套上中间筒；将制备好的试样倒入谷物筒内，装满刮平。再将谷物筒套在中间筒上，打开漏斗开关，待试样全部落入中间筒后关闭漏斗开关。用手握住中间筒与容量筒的接合处，平稳地抽出插片，使试样随排气砣一同落入容量筒内，再将插片平稳地插入插口；取下谷物筒，拿起中间筒和容量筒，倒净插片上多余的试样，抽出插片，将装有试样的容量筒放在天平上称量。

(2)籽粒密度

选取100粒正常籽粒并称重，用排酒精溶液法测定其体积，重复3次。

$$\text{籽粒密度}(\mathrm{g \cdot cm^{-3}})=\frac{\text{籽粒质量}}{\text{籽粒体积}} \tag{7-2-1}$$

2. 糖分含量测定

取玉米籽粒15～20粒，用榨汁钳榨取汁液(分次)，存于培养皿中；用移液器吸取500 μL于指形管中，5 000 r·min^{-1}离心2 min；吸取50 μL上清液，用手持糖量计测定其糖分含量。

3. 蛋白质和淀粉含量测定

准备玉米籽粒约300 g，采用近红外谷物品质分析仪，待仪器通过自检后，选择玉米定标模型，快速无损测定玉米籽粒蛋白质及淀粉含量。

4. 粗脂肪含量测定

(1)样品包扎

将已除杂的样品30～50 g磨碎，通过直径为1 mm的圆孔筛。称取磨碎样品粉末2～5 g，置于烘干盒内，在105 ℃下烘30 min。趁热倒入研钵中，加入约2 g脱脂细砂，一同研磨至出油状，然后完全转入滤纸筒内。用脱脂棉蘸少量乙醚揩净研钵上的试样和脂肪，一并放入滤纸筒内，用脱脂棉塞入上部，压住试样。

(2)提取与烘干

安装提取器，将装有试样的滤纸筒置于提取管中，注入乙醚至虹吸管高度以上，待乙醚流净后，再加入乙醚至虹吸管高度2/3处，将一小块脱脂棉轻轻塞入冷凝管上口，打开冷凝管进水管，开始加热抽提。控制加热温度，保持冷凝乙醚每分钟流速为120～150滴，每小时回流7次以上，一般抽提8 h以上，直至提取管内乙醚用玻片检查无油迹为止。取出滤纸筒再加热乙醚回流2次，取下冷凝管和提取管，加热除尽提取瓶中残留乙醚，用脱脂棉蘸乙醚揩净提取瓶外部，然后在105 ℃烘至恒重。提取瓶增加的质量即为粗脂肪质量。

(3)结果计算

$$X_s=\frac{m_1}{m}\times 100\% \tag{7-2-2}$$

$$X_g=\frac{m_1}{m\times(100-M)}\times 10^4 \tag{7-2-3}$$

式中：X_s—粗脂肪湿基含量(%)；

X_g—粗脂肪干基含量(%)；

m_1—粗脂肪质量(g)；

m—样品质量(g)；

M—样品含水率(%)。

5. 亮氨酸测定

(1)标准曲线绘制

取7支具塞试管，按表7-2-1编号并按顺序加入试剂。以第1管为空白，在530 nm波长下比色，读取光密度值（OD_{530}），以吸光度值为纵坐标，亮氨酸含量（μg）为横坐标，绘制标准曲线。

表 7-2-1　标准曲线绘制

试剂	试管号					
	1(空白)	2	3	4	5	6
亮氨酸标准液体积/mL	0	0.1	0.2	0.3	0.4	0.5
蒸馏水体积/mL	0.5	0.4	0.3	0.2	0.1	0
亮氨酸含量/μg	0	20	40	60	80	100
4%碳酸钠体积/mL	0.5	0.5	0.5	0.5	0.5	0.5
茚三酮试剂体积/mL	2.0	2.0	2.0	2.0	2.0	2.0
	混匀，加塞，80 ℃水浴 30 min，冷却至室温					
60%乙醇体积/mL	3.0	3.0	3.0	3.0	3.0	3.0
OD_{530}	混匀待测					

（2）样品前处理

玉米籽粒粉碎后，将过 80～100 目筛的细粉装入广口瓶，加入沸程为 60～90 ℃的石油醚淹过细粉，浸泡 8 h。不时摇动以促进脱脂，过滤，并用石油醚淋洗沉淀若干次，弃去滤液。将脱脂玉米粉晾在干净滤纸上，置阴凉通风处吹干石油醚。收集干粉，置于干燥容器内备用。

（3）样品测定

取 15 mg 干粉于具塞试管中，加 1.0 mL 2% Na_2CO_3 溶液，于 80 ℃水浴中提取 20 min，加 2.0 mL 茚三酮，继续保温显色 30 min，冷却后加 3.0 mL 60%乙醇，混匀后过滤（或离心），然后在 530 nm 波长下比色，记录 OD_{530}。

（4）结果计算

$$亮氨酸含量=\frac{c\times10^{-3}}{m}\times1.151\,5\times100\%-C \qquad (7\text{-}2\text{-}4)$$

式中：c—从标准曲线上查的亮氨酸含量（μg）；

m—样品质量（mg）；

C—游离氨基酸含量；

1.151 5—校正系数。

［注意事项］

（1）使用近红外谷物品质分析仪时需保证样品洁净干燥，表面无明显水分。

（2）粗脂肪 2 次测定实验结果误差应小于 0.4%，测定结果保留小数点后 1 位。

（3）茚三酮显色反应受温度、pH、时间影响较大，应严格控制实验条件。

（4）若样品中 HCl 过多，氨基酸不易显色。

实验 7-3　花生品质测定

［实验目的］

了解花生品质的测定方法。

[实验原理]

花生品质主要包含感官品质、加工品质、商业品质和营养品质，是一个综合指标。花生营养品质主要指花生籽仁中所含营养成分的数量和质量，主要有蛋白质、脂肪、脂肪酸、粗纤维等，各指标测定原理见第4章各实验。

[实验器材]

1. 实验材料

花生种子。

2. 实验仪器

烤箱等。

[方法与步骤]

1. 感官品质

(1)外观品质评价

① 花生荚果评价：果型、网纹、色泽。

果型：大花生普通型，有蜂腰，果腰、果嘴明显；小花生蚕茧型或兰娜型、多粒型。

网纹：大花生网纹明显、粗浅；小花生网目清晰，纹粗，深度适中。

色泽：浅黄、颜色亮。

② 花生籽仁评价：粒型、色泽。

粒型：大花生椭圆形；小花生桃圆形。

色泽：色泽鲜艳，呈均匀的粉红、浅红、深红或其他靓丽色泽。

籽仁内种皮色：金黄色。

(2)口味品质品尝

口味品质品尝主要包括生食品尝和焙烤品尝。每品尝一个样品后，用25 ℃左右的温开水漱口。选取生食口味表现比较有代表性的品种，取适量饱满度一致的荚果，清洗干净，放在烤炉中烤至象牙色，冷却后品尝。

生食品尝项目：甜度、香味、柔嫩度、细腻度、异味。

焙烤品尝项目：甜度、香味、脆度、柔嫩度、细腻度、异味。

① 甜度：口感甜。

② 香味：口感香。花生有一股特殊的浓香味，不同花生品种相同栽培条件下，香味度不同。

③ 脆度：口感脆。在食用花生时，第一次嚼碎时的口感，称为脆度。不同的花生品种脆度不同，脆度性状与柔嫩度、细腻度相关密切，口感柔嫩、细腻的花生品种脆度一般也会较好，但三者是不同的性状。

④ 柔嫩度：口感柔嫩。在咀嚼花生时，不同的花生品种咀嚼易碎程度不同，有的表现比较绵软，有的表现咀嚼费力，柔嫩度就是表述咀嚼绵软与费力程度的指标。

⑤ 细腻度：口感细腻。在咀嚼花生时，感觉细腻的程度不同，有的表现比较细腻，咀嚼后残渣颗粒小而少，有的咀嚼后残渣颗粒较多，口感粗糙。花生细腻度高使食用者口感舒适，而

且细腻度高有利于营养吸收。

⑥ 异味:口感无异味。少量品种有类似于臭瓜子的异味,并且这种异味重复间表现稳定,有遗传性。

2. 加工品质

花生油的亚油酸含量或油酸/亚油酸(O/L)比率是油质稳定性及花生加工制品耐贮藏性的指标。O/L 比率越高,油质越稳定、花生加工制品越耐贮藏。但 O/L 比率过高,亚油酸含量偏低,营养品质下降。

综合考虑耐贮性和营养品质,一般大花生 O/L 比率要求在 1.4 以上,小花生要求在 1.0 以上;从加工角度要求果、仁整齐,饱满,加工损耗少,成品率高。

3. 商业品质

我国国家标准规定花生荚果包含纯仁率、杂质、水分、色泽和气味 4 项指标,花生籽仁包含纯质率、杂质、水分、整半粒限度、色泽和气味 5 项指标,见表 7-3-1。

表 7-3-1　花生商业品质质量标准

等级		1	2	3	4	5	等级外
花生果(荚果)	纯仁率/%	≥71	≥69	≥67	≥65	≥63	<63
	杂质/%				≤1.5		
	水分/%				≤10.0		
	色泽、气味				正常		
花生仁(籽仁)	纯质率/%	≥96	≥94	≥92	≥90	≥88	<88
	杂质/%				≤1.0		
	水分/%				≤9.0		
	整半粒限度/%				≤10		
	色泽、气味				正常		

资料来源:GB/T 1532—2008 花生。

4. 营养品质

营养品质主要指花生籽仁中蛋白质、脂肪、脂肪酸等成分的数量和质量。

(1)蛋白质测定

准备花生籽仁约 300 g,采用近红外谷物品质分析仪,待仪器通过自检后,选择花生定标模型,快速无损测定花生籽仁蛋白质及油分含量。

(2)粗脂肪测定

参见实验 7-2 中粗脂肪含量测定部分。

(3)脂肪酸测定

参见实验 4-6 脂肪酸含量测定。

[注意事项]

蒸馏时加热温度不能太高,否则油脂容易焦化。

实验 7-4　大豆品质测定

[实验目的]

学习和掌握大豆外观品质测定方法。

[实验目的]

大豆有普通大豆和鲜食大豆，大豆品质主要包含外观品质和营养品质，是一个综合指标。大豆营养品质主要指大豆富含的蛋白质、可溶性糖、淀粉、粗脂肪等，各指标测定原理见第4章各实验。

[实验器材]

1. 实验材料

普通大豆、鲜食大豆。

2. 实验仪器

粉碎机、烘箱、分析天平(0.01 g)等。

[方法与步骤]

1. 普通大豆外观品质

(1)完整粒率、损伤粒率、热损伤粒率

称取经风选过的大豆大样500 g(W_1)，按《粮油检验　粮食、油料的杂质、不完善粒检验》(GB/T 5494—2019)规定的方法分2次筛选，然后拣筛上大型杂质和筛下物合并称重(W_2)。从筛选过的大样中称取小样100 g(W_3)，放入分析盘中，分别拣出杂质、损伤粒、未熟粒和破碎粒并称重(W_4、W_5、W_6)，单独拣出热损伤粒(必要时剥开皮层，观察子叶是否发生了颜色变化)，称重(W_7)。

$$\text{完整粒率}=\left(1-\frac{W_2}{W_1}\right)\times\frac{W_3-W_4-W_5-W_6}{W_3}\times100\% \tag{7-4-1}$$

$$\text{损伤粒率}=\left(1-\frac{W_2}{W_1}\right)\times\frac{W_5}{W_3}\times100\% \tag{7-4-2}$$

$$\text{热损伤粒率}=\left(1-\frac{W_2}{W_1}\right)\times\frac{W_7}{W_3}\times100\% \tag{7-4-3}$$

式中：W_1—大样质量(g)；

W_2—大样杂质质量(g)；

W_3—小样质量(g)；

W_4—小样杂质质量(g)；

W_5—损伤粒(含热损伤粒)质量(g)；

W_6—未熟粒和破碎粒质量(g)；

W_7—热损伤粒质量(g)。

(2)杂质、不完善粒

不完善粒主要包括未熟粒、虫蚀粒、病斑粒、破碎粒、生芽粒和其他损伤粒，合并称重(W_8)。

$$\text{大样杂质含量}(C_1)=\frac{W_2}{W_1}\times100\% \tag{7-4-4}$$

$$\text{小样杂质含量}(C_2)=(100-C_1)\times\frac{W_4}{W_3} \tag{7-4-5}$$

$$\text{不完善粒含量}(C_3)=(100-C_1)\times\frac{W_8}{W_3} \tag{7-4-6}$$

(3)水分

将大豆样品缩分至 200 g,粉碎至 2.0 mm 后装入密封容器。取空铝盒用蒸馏水洗净,置于烘箱中 105 ℃烘至恒重(约 2 h),于干燥器内冷却后称重(W_0)。用已烘干至恒重的空铝盒称取适量大豆样品(精确至 0.000 1 g)(W_{T1}),在 130 ℃下烘干 40 min,于干燥器内冷却后称重(W_{T2})。

$$水分含量 = \frac{W_{T1} - W_{T2}}{W_{T1} - W_0} \times 100\% \tag{7-4-7}$$

式中:W_0—铝盒质量(g);

W_{T1}—烘前试样和铝盒质量(g);

W_{T2}—烘后试样和铝盒质量(g)。

(4)异色粒

在检验不完善粒的同时,拣出混有的异色粒,称其质量(W_9)。

$$异色粒率 = \frac{W_9}{W_1} \times 100\% \tag{7-4-8}$$

(5)色泽、气味

① 色泽鉴定:分取 20～50 g 大豆样品,放在手掌中均匀地摊平,在散射光线下仔细观察其整体颜色和光泽。对不易鉴定色泽的大豆样品,取 100～150 g,在黑色平板上均匀地摊成 15 cm×20 cm 的薄层,在散射光下仔细观察其整体颜色和光泽。

② 气味鉴定:分取 20～50 g 大豆样品,放在手掌中用哈气或摩擦的方法,提高样品的温度后,立即嗅其气味。对不易鉴定色泽的大豆样品,分取 20 g 放入广口瓶,置于 60～70 ℃水浴锅中,盖上瓶塞,颗粒状样品保温 8～10 min,粉末状样品保温 3～50 min,开盖嗅辨气味。

(6)质量评价

普通大豆质量指标应符合表 7-4-1 规定。高油大豆质量指标中粗脂肪含量分为≥20.0%、≥21.0%、≥22.0%三级,完整粒率≥85%,损伤粒率≤8.0%(其中热损伤粒率≤0.5%);高蛋白质大豆质量指标中粗蛋白质含量分为≥40.0%、≥42.0%、≥44.0%三级,完整粒率≥85%,损伤粒率≤8.0%(其中热损伤粒率≤0.5%);其他指标同普通大豆。

表 7-4-1　大豆质量指标

等级	完整粒率/%	损伤粒率/%		杂质含量/%	水分含量/%	色泽、气味
		合计	其中:热损伤粒率			
1	≥95.0	≤4.0	≤0.2	≤1.0	≤13.0	正常
2	≥90.0	≤6.0	≤0.2			
3	≥85.0	≤8.0	≤0.5			
4	≥80.0	≤10.0	≤1.0			
5	≥75.0	≤12.0	≤3.0			
等外	<75.0	—	—			

注:“—”为不要求。资料来源:GB 1352 — 2023 大豆。

2. 鲜食大豆外观品质

(1)荚长、荚宽

从供试样品中随机抽取 30 个标准二粒荚,每 10 个豆荚为一组,分成 3 组,将 10 个豆荚首尾相连直线排列测量其总荚长，然后同向紧密相连排列测量其总荚宽，计算平均值。

(2)每 1 000 g 标准二粒荚数

从供试样品中随机称取 1 000 g 标准二粒荚，统计豆荚数目，重复 3 次，计算平均值。

(3)百粒鲜重

从供试样品中随机抽取 100 个饱满、无病斑、无虫蛀及无机械损伤的鲜豆粒(含包衣)，称重，重复 3 次，计算平均值。

(4)标准荚比例

从供试样品中随机称取豆荚 1 000 g，分别统计总荚数及标准荚数，计算标准荚占总荚数比例。

(5)荚色

从供试样品中随机称取标准荚 50 g，置于白色洁净的瓷盘中，在充足的自然光线下与比色卡比对，观测豆荚整体颜色。

表 7-4-2　鲜食大豆豆种品质等级

品质性状		等级		
		一级	二级	三级
荚长/cm	春季鲜食大豆	≥5.20	≥4.90，<5.20	≥4.60，<4.90
	夏秋季鲜食大豆	≥5.80	≥5.40，<5.80	≥5.00，<5.40
荚宽/cm		≥1.40	≥1.30，<1.40	≥1.20，<1.30
每 1 000 g 标准二粒荚数/个	春季鲜食大豆	≤290	>290，<325	>325，<360
	夏秋季鲜食大豆	≤260	>260，<300	>300，≤340
百粒鲜重/g		≥85.0	≥80.0，<85.0	≥75.0，<80.0
标准荚比例/%			≥60.0	
荚色		绿	淡绿	
可溶性糖含量/%		≥3.0	≥2.6，<3.0	≥2.2，<2.6
淀粉含量/%		≥5.1	≥4.4，<5.1	≥3.7，<4.4
蛋白质(干基)含量/%			≥20.0	
脂肪(干基)含量/%			≥12.0	
口感评分/分		≥82.0	≥79.0，<82.0	≥76.0，<79.0

资料来源：NY/T 3705—2020 鲜食大豆品种品质。

3. 营养品质

(1)蛋白质

准备大豆种子约 300 g，采用近红外谷物品质分析仪，待仪器通过自检后，选择大豆定标模型，快速无损测定大豆蛋白质及油分含量。或参照实验 4-4 蛋白质含量测定所用化学方法测定。

(2)可溶性糖

参见实验 4-1 中Ⅱ可溶性糖。

(3)淀粉

参见实验 4-2 淀粉含量测定。

(4)粗脂肪

参见实验 7-2 中粗脂肪含量测定部分。

[注意事项]

测量荚长的相对误差要求小于 0.10 cm,测量荚宽的相对误差要求小于 0.05 cm,误差超出允许范围需要重新检测。

实验 7-5　甘蔗品质测定

[实验目的]

了解甘蔗主要品质性状指标,掌握甘蔗品质测定方法。

[实验原理]

甘蔗蔗糖分:100 kg 蔗茎中含有纯蔗糖的质量,即纯蔗糖质量与甘蔗质量的百分比。

甘蔗纤维分:甘蔗组织中不溶于水的干物质,其值为纯净纤维质量与甘蔗质量的百分比。

蔗汁锤度:蔗汁中所含的总固溶物的质量占蔗汁质量的百分比,衡量甘蔗成熟度。

蔗汁纯度:蔗汁中固形物含有纯净蔗糖的百分比,是衡量甘蔗品质的重要指标。

旋光度:利用蔗糖旋光性质,用一次旋光法测得蔗汁中蔗糖质量百分比的近似值。

[实验器材]

1. 实验材料

成熟期甘蔗植株若干。

2. 实验仪器

手持糖量计、阿贝折射仪、锤度计、小型压榨机(或榨汁钳)、台秤、培养皿、移液器等。

3. 实验试剂

碱性乙酸铅(化学纯)。

[方法与步骤]

1. 甘蔗工艺成熟外部形态观察

甘蔗工艺成熟时的外表特征:

①叶色变淡,茎中下部的叶片枯黄,叶鞘开始与茎分离。

②新出生的叶片变短变窄,叶姿较挺直。

③全株青叶数较少,一般为 5～6 片。

④梢部节间逐渐缩短(月/cm:60～90→30→10→0),蔗茎、叶片生长减慢至停止(叶片/月:1～2→0)。

⑤中下部节间的蜡粉脱落,变得较光滑。

⑥砍断蔗茎，会发现其横断面髓部参差不齐，常呈玻璃状。

2. 样品准备

取甘蔗若干条，去头、去尾，除尽蔗叶和蔗茎上的杂质后，称重。然后用压榨机进行一次全样压榨，收集初压蔗汁并称重。

3. 糖分测定

打开手持糖量计盖板，用干净纱布或卷纸擦干棱镜玻璃面。在棱镜玻璃面上滴 2 滴蒸馏水，盖上盖板。水平状态下，检查视野中明暗交界线是否处于零刻度线上。若与零刻度线不重合，则旋动刻度调节螺旋，使分界线与零刻度线重合。打开盖板，用纱布或卷纸将水擦干，然后如上法在棱镜玻璃面上滴上含糖汁液，进行观测，读取明暗交界线上的刻度，即为可溶性固溶物含量（%，糖的大致含量）。

4. 蔗汁锤度测定

$$蔗汁锤度=\frac{蔗汁总固溶物质量}{蔗汁质量}\times 100\% \tag{7-5-1}$$

$$蔗汁锤度比(成熟度)=\frac{上部节间锤度}{基部节间锤度}\times 100\% \tag{7-5-2}$$

蔗汁锤度比大于 1.0 时，甘蔗过熟；介于 0.95～1.0 时，甘蔗全熟；介于 0.90～0.95 时，甘蔗处于初熟状态。

5. 旋光度测定

用少许调匀的蔗汁（样液）洗涤锤度测定筒内壁，然后弃去，再盛满，静置；待样液中气泡全部浮上液面后，除去气泡，把用样液冲洗过的锤度计徐徐插入筒中；当温度计正确表示样液温度时，以水平视线按样液的真正液面高度读取观测锤度，同时记录测定时样液温度。

取调匀的蔗汁约 100 mL 于 250 mL 干净锥形瓶内，加入适量碱性乙酸铅，摇匀，过滤。用少量初滤液洗涤烧杯，然后收集滤液，将滤液缓慢移至 200 mL 经滤液洗涤 2～3 次的观测管并达最大刻度处，在旋光仪中测定其观测旋光度。

$$旋光度=(260.73-观测锤度)\times\frac{观测旋光度}{10^3} \tag{7-5-3}$$

6. 简纯度测定

快速检查多采用简纯度，分析蔗汁品质标准多采用重力锤度。

$$简纯度=\frac{蔗汁旋光度}{蔗汁锤度}\times 100\% \tag{7-5-4}$$

$$重力锤度=\frac{蔗汁蔗糖分}{蔗汁锤度}\times 100\% \tag{7-5-5}$$

[注意事项]

(1)上部以最上的一片枯叶所包着的节间为准，基部以土面上的第一完整节间为准。

(2)从蔗茎中钻出蔗汁后应迅速放在手持锤度计的棱镜上测量，以防水分蒸发。

实验 7-6 甘薯品质测定

[实验目的]

了解和掌握甘薯干物质和淀粉含量测定方法。

[实验原理]

甘薯为主要淀粉作物,因此鉴定薯块品质时须测定淀粉含量。测定方法主要有:小样本制粉测定法、烘(晒)干率换算法、高氯酸提出比色法。可溶性糖、粗纤维、蛋白质和维生素 C 测定原理见第 4 章各实验。

[实验器材]

1. 实验材料

甘薯植株、块根若干。

2. 实验仪器

分析天平(0.000 1 g)、磨粉机、分光光度计、烘箱、铁锹、小刀、烧杯、试管、容量瓶、布袋等。

3. 实验试剂

(1)碘(I_2)溶液。

(2)60% 高氯酸($HClO_4$)溶液。

(3)400×10^{-6} $\mu g\cdot g^{-1}$ 淀粉原液:称取可溶性淀粉 0.2 g,放入 100 mL 烧杯中,加 1 mL 水调成糊状,一边搅拌一边加入 3.2 mL $HClO_4$ 溶液,然后继续搅拌 10 min,搅拌均匀后倒入 500 mL 容量瓶中,加水定容至刻度。

(4)淀粉标准液:分别吸取原液 0、0.5、1.0、1.5、2.0、2.5、3.0 mL 至刻度试管中,各加蒸馏水至 3 mL 刻度线,再分别加入 2 mL I_2 溶液,充分摇匀后放置 5 min,加水至 10 mL,即得 0(空白)、20×10^{-6}、40×10^{-6}、60×10^{-6}、80×10^{-6}、100×10^{-6}、120×10^{-6} $\mu g\cdot g^{-1}$ 的标准液。

[方法与步骤]

1. 干物质含量测定

取试样 5 株,将植株各部分切碎后,置于 105 ℃烘箱中烘 15~30 min 杀青,然后于 80 ℃烘至恒重。待样品烘干后,取出放在干燥器中冷却后称重。

2. 淀粉含量测定

(1)小样本制粉测定法

选取干净、中等大小的薯块 100 g,切成小块,用磨粉机磨碎成浆,再用布袋榨出淀粉,过滤沉淀后,去除上清液,将淀粉晒干(或烘干)称重,计算淀粉率。

$$淀粉率=\frac{干淀粉质量(g)}{供试薯块质量(g)}\times100\% \tag{7-6-1}$$

(2)烘(晒)干率换算法

$$淀粉含量=[0.778\,1\times烘(晒)干率-0.007\,4]\times100\% \tag{7-6-2}$$

$$烘(晒)干率=\frac{烘(晒)至恒重干重(g)}{鲜薯质量(g)}\times 100\% \qquad (7\text{-}6\text{-}3)$$

式中:0.778 1 和 0.007 4—将烘(晒)干甘薯换算成淀粉的经验系数。

(3)高氯酸提出比色法

称取 2.0 g 新鲜薯块 2 份,一份在 100～105 ℃烘箱烘干以测定干重,另一份置于研钵中加少量水研至浆状。加 2 mL 水,边搅拌边加入 3.2 mL 60% $HClO_4$ 溶液,然后继续搅拌 10～20 min,用水洗入 50 mL 容量瓶中,加水定容至刻度,摇匀后静置或离心(不要过滤,以免滤纸吸附淀粉)。吸取上清液 1 mL 至刻度试管中,加 2 mL 碘溶液,静置 5 min,加水至 10 mL,摇匀后进行比色。

$$淀粉率=\frac{测定值(\mu g\cdot g^{-1})\times 提取液总量(mL)\times 稀释倍数}{薯块干重(mg)\times 10^3}\times 100\% \qquad (7\text{-}6\text{-}4)$$

3. 可溶性糖含量测定

参见实验 4-1 中Ⅱ可溶性糖。

4. 粗纤维含量测定

参见实验 4-3 粗纤维含量测定。

5. 蛋白质含量测定

参见实验 4-4 蛋白质含量测定。

6. 维生素 C 含量测定

参见实验 4-5 维生素 C 含量测定。

[注意事项]

采用高氯酸提出比色法时,摇匀后通过离心分离,勿使用过滤方法以免滤纸吸附淀粉。

实验 7-7 烟叶品质测定

[实验目的]

了解烟草品质性状指标,掌握烟叶品级和烤烟品质的判定方法以及化学品质的测定。

[实验原理]

烟叶品质是一个综合品质,分为外观质量和内在质量。外观质量包括部位、颜色、成熟度、叶片结构、身份、油分、叶片大小等;内在质量包括化学成分(总氮、糖分、蛋白质、烟碱等)含量、香气、劲头、吃味等。各化学成分含量测定原理见第 2、第 4 章相关实验。

[实验器材]

1. 实验材料

主推烟草品种植株鲜叶、烤烟干叶分级标本。

2. 实验仪器

卷尺等。

[方法与步骤]

1. 分组

根据烟叶在烟株上着生的位置，将烟叶分为下部、中部、上部烟叶（表 7-7-1）。

生长发育正常、采收烘烤得当的烟叶，根据其烘烤后的颜色，分为 8 个主组：下部柠檬黄组、下部橘黄组；中部柠檬黄组、中部橘黄组；上部柠檬黄组、上部橘黄组和上部红棕色组；完熟叶组。

生长发育不良或采收烘烤不当以及其他原因造成的少部分低质量烟叶，可分为以下 5 个副组：中下部杂色叶组、上部杂色叶组、光滑叶组、微带青叶组、青黄色叶组。

表 7-7-1 不同部位烟叶的外观特征

烟叶部位	外观特征
下部烟叶（脚叶、下二棚）	主脉较细，遮盖，近叶尖处弯曲；叶形较宽圆，叶尖较钝；叶面皱缩，叶片薄至稍薄；叶脉发白，颜色浅淡，有一种内含物的缺乏感；组织疏松，油分较少，弹性较弱
中部烟叶（腰叶）	主脉粗细适中，遮盖至微露，叶尖处稍弯曲；叶面稍皱缩，叶形较宽；叶尖较钝，厚薄适中，颜色深浅适中，介于上、下部位之间；组织疏松，油分多，弹性强
上部烟叶（上二棚、顶叶）	主脉较粗或粗，较显露至突起；叶片窄长，叶尖尖锐；叶面稍皱褶至平坦，常有蜡质；叶片较厚或厚，颜色较深；组织紧密，油分较多，弹性较强，介于中部和下部之间

资料来源：陈灿．作物学实验技术．湖南科学技术出版社，2016：233。

2. 分级

分级就是把同一组内的烟叶，按照成熟度、叶片结构、身份、油分、色度、长度和残伤 7 个因素划分成不同级别（表 7-7-2）。国家烤烟叶分级标准是根据叶片着生部位、叶片颜色和 7 个分级因素划分为 42 级（表 7-7-3）。

表 7-7-2 烟叶品级要素与程度档次

品级要素		程度档次				
		1	2	3	4	5
品质因素	成熟度	完熟	成熟	尚熟	欠熟	假熟
	叶片结构	疏松	尚疏松	稍密	紧密	—
	身份	中等	稍薄、稍厚	薄、厚	—	—
	油分	多	有	稍有	少	—
	色度	浓	强	中	弱	淡
	长度	以厘米（cm）表示				
控制因素	残伤	以百分比控制				

资料来源：GB 2635 — 1992 烤烟。

表 7-7-3　国家标准烤烟品质规定

组别		级别	代号	成熟度	叶片结构	身份	油分	色度	长度/cm	残伤/%
下部X	柠檬黄 L	1	X1L	成熟	疏松	稍薄	有	强	40	15
		2	X2L	成熟	疏松	薄	稍有	中	35	25
		3	X3L	成熟	疏松	薄	稍有	弱	30	30
		4	X4L	假熟	疏松	薄	少	淡	25	35
	橘黄 F	1	X1F	成熟	疏松	稍薄	有	强	40	15
		2	X2F	成熟	疏松	稍薄	稍有	中	35	25
		3	X3F	成熟	疏松	稍薄	稍有	弱	30	30
		4	X4F	假熟	疏松	薄	少	淡	25	35
中部C	柠檬黄 L	1	C1L	成熟	疏松	中等	多	浓	45	10
		2	C2L	成熟	疏松	中等	有	强	40	15
		3	C3L	成熟	疏松	稍薄	有	中	35	25
		4	C4L	成熟	疏松	稍薄	稍有	中	35	30
	橘黄 F	1	C1F	成熟	疏松	中等	多	浓	45	10
		2	C2F	成熟	疏松	中等	有	强	40	15
		3	C3F	成熟	疏松	中等	有	中	35	25
		4	C4F	成熟	疏松	稍薄	稍有	中	35	30
上部B	柠檬黄 L	1	B1L	成熟	尚疏松	中等	多	浓	45	15
		2	B2L	成熟	稍密	中等	有	强	40	20
		3	B3L	成熟	稍密	中等	稍有	中	35	30
		4	B4L	成熟	紧密	稍厚	稍有	弱	30	35
	橘黄 F	1	B1F	成熟	尚疏松	稍厚	多	浓	45	15
		2	B2F	成熟	尚疏松	稍厚	有	强	40	20
		3	B3F	成熟	稍密	稍厚	有	中	35	30
		4	B4F	成熟	稍密	厚	稍有	弱	30	35
	红棕 R	1	B1R	成熟	尚疏松	稍厚	有	浓	45	15
		2	B2R	成熟	稍密	稍厚	有	强	40	25
		3	B3R	成熟	稍密	厚	稍有	中	35	35
完熟叶 H		1	H1F	完熟	疏松	中等	稍有	强	40	20
		2	H2F	完熟	疏松	中等	稍有	中	35	35
杂色K	中下部 CX	1	CX1K	尚熟	疏松	稍薄	有	—	35	20
		2	CX2K	欠熟	尚疏松	薄	少	—	25	25
	上部 B	1	B1K	尚熟	稍密	稍厚	有	—	35	20
		2	B2K	欠熟	紧密	厚	稍有	—	30	30
		3	B3K	欠熟	紧密	厚	少	—	25	35

续表 7-7-3

组别		级别	代号	成熟度	叶片结构	身份	油分	色度	长度/cm	残伤/%
光滑叶 S		1	S1	欠熟	紧密	稍薄、稍厚	有	—	35	10
		2	S2	欠熟	紧密	—	少	—	30	20
微带青 V	下二棚 X	2	X2V	尚熟	疏松	稍薄	稍有	中	35	15
	中部 C	3	C3V	尚熟	疏松	中等	有	强	40	10
	上部 B	2	B2V	尚熟	稍密	稍厚	有	强	40	10
		3	B3V	尚熟	稍密	稍厚	稍有	中	35	10
青黄色 GY		1	GY1	尚熟	尚疏松至稍密	稍薄、稍厚	有	—	35	10
		2	GY2	欠熟	稍紧密至紧密	稍薄、稍厚	稍有	—	30	20

资料来源:GB 2635 — 1992 烤烟。

3. 化学品质

烟叶化学品质主要包括全氮、全钾、总糖、可溶性糖、还原糖、蛋白质、烟碱含量等。

(1)全氮、全钾含量测定参见实验 2-2 氮、磷、钾全量测定。

(2)总糖含量测定参见实验 4-1 中Ⅰ总糖。

(3)可溶性糖含量测定参见实验 4-1 中Ⅱ可溶性糖。

(4)还原糖含量测定参见实验 4-1 中Ⅲ还原糖。

(5)蛋白质含量测定参见实验 4-4 蛋白质含量测定。

(6)烟碱含量测定参见实验 4-8 烟碱含量测定。

[注意事项]

烟叶在分级中应考虑烟叶部位,不能简单地把叶片大小相同、颜色相同或相近的烟叶分级扎把。

参考文献

陈灿,2016. 作物学实验技术. 长沙:湖南科学技术出版社.

陈德华,2018. 作物栽培学研究实验法. 北京:科学出版社.

国家市场监督管理总局,国家标准化管理委员会. 大豆:GB 1352 — 2023.

国家市场监督管理总局,中国国家标准化管理委员会. 粮油检验 粮食、油料的杂质、不完善粒检验:GB/T 5494 — 2019.

祁亚娟,易涛,2011. 大豆粗脂肪酸值测定方法的比较. 粮油仓储科技通讯,27(2):49-50.

吴兰荣,陈静,王秀贞,等,2005. 花生感官品质的主要鉴定指标. 中国油料作物学报,27(1):52-54.

赵亮,2013. 几个小麦品种对麦长管蚜(*Sitobion avenae*)的抗性研究:硕士论文. 兰州:甘肃农业大学.

中华人民共和国国家质量监督检验检疫总局,中国国家标准化管理委员会. 大米 直链淀粉含量的测定:GB/T 15683 — 2008.

中华人民共和国国家质量监督检验检疫总局,中国国家标准化管理委员会. 粮油检验 大米胶稠度的测定:GB/T 22294 — 2008.

中华人民共和国国家质量监督检验检疫总局,中国国家标准化管理委员会．粮油检验　稻谷、大米蒸煮食用品质感官评价方法:GB/T 15682 — 2008.

中华人民共和国国家质量监督检验检疫总局,中国国家标准化管理委员会．粮油检验　类型及互混检验:GB/T 5493 — 2008.

中华人民共和国国家质量监督检验检疫总局,中国国家标准化管理委员会．粮油检验　粮食、油料的色泽、气味、口味鉴定:GB/T 5492—2008.

中华人民共和国国家质量监督检验检疫总局．烤烟:GB 2635 — 1992.

中华人民共和国农业部．米质测定方法:NY/T 83 — 2017.

中华人民共和国农业农村部．鲜食大豆品种品质:NY/T 3705 — 2020.

附　录

附录 1　试剂的配制

1. 一般化学试剂的分级

化学试剂根据其质量分为各种规格(品级)，在配制溶液时，应根据实验要求选择不同规格的试剂。一般化学试剂的分级见附表 1-1。

附表 1-1　一般化学试剂的分级

规格标准及用途	一级试剂	二级试剂	三级试剂	四级试剂	生物试剂
我国标准	保证试剂 G. R. 绿色标签	分析纯 A. R. 红色标签	化学纯 C. P. 蓝色标签	化学用 L. R.	B. R. 或 C. R.
国外标准	A. R. G. R. A. C. S. P. A. X. Ч	C. P. P. U. S. S. Puriss ЧДА	L. R E. P Ч	P Pure	
用途	纯度最高，杂质含量最少。适用于最精确的分析和研究工作	纯度较高，杂质含量较低。适用于精确微量分析工作，分析实验室广泛使用	纯度略低于分析纯，适用于一般的微量分析实验	纯度较低，适用于一般的定性检验	根据说明使用

2. 试剂浓度的表示及其配制

(1)百分浓度(%)：表示在 100 g 或 100 mL 溶液中含有溶质的量，由于溶液的量可以用质量计算，也可以用体积计算，所以又分为质量百分浓度和体积百分浓度。

①质量百分浓度。表示在 100 g 溶液中含有溶质的质量(g)。例如:10% NaCl 溶液即表示 100 g NaCl 溶液中含有 10 g NaCl。配制时称取 10 g NaCl,加入 90 g 蒸馏水溶解即可。

通常某溶液的浓度用百分浓度(%)表示时,指的就是质量百分浓度。

② 体积百分浓度。表示在 100 mL 溶液中含有溶质的体积(mL),通常液体溶质用此方式表示。例如:把 50 mL 无水乙醇用蒸馏水稀释至 100 mL,则乙醇浓度即为 50%。

③ 质量体积百分浓度。表示在 100 mL 溶液中含有溶质的质量(g)。例如:配制 1.0% NaOH 溶液时,称取 1.0 g NaOH 用蒸馏水溶解后,加蒸馏水稀释至 100 mL。

一般百分浓度都用这种方法配制,常用于配制溶质为固体的稀溶液。

(2)物质的量浓度:指单位体积溶液所含溶质的量,通常用 $mol \cdot L^{-1}$ 表示,即摩尔浓度。此外还有 $mmol \cdot L^{-1}$ 和 $\mu mol \cdot L^{-1}$,三者依次缩小 1 000 倍。

3. 混合液的配制方法

在有两种溶液(或溶液和试剂)时,为了得到所需浓度的溶液可用下述方法配制:

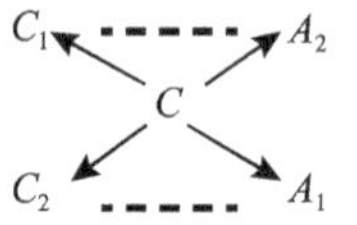

$A_2 = C - C_2$

$A_1 = C_1 - C$

式中:C—所求混合浓度;

C_1 和 A_1—浓度较高的溶液浓度(C_1)和质量(A_1);

C_2 和 A_2—浓度较高的溶液浓度(C_2)和质量(A_2)。

在换算成体积 V 时必须计算溶液的密度(d),即不用 A 而用 $V \times d$。

[例 1] 有含量为 96%和 70%的溶液,需要用它们配制 80%的溶液,则要将 10 份的 96%溶液和 16 份的 70%溶液混合。

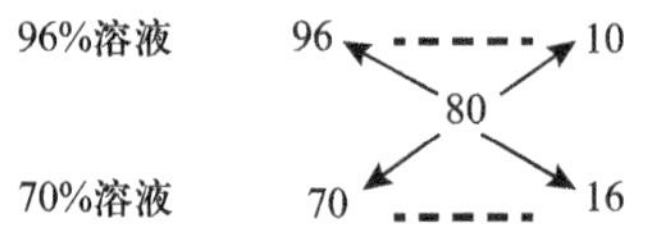

[例 2] 有 95%乙醇,需要用它配制成 50%的浓度,则要将 50 份的 95%乙醇和 45 份水混合。

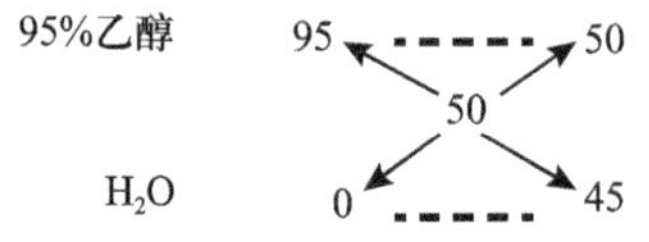

附录 2　常用酸碱的浓度

化合物	相对分子质量	相对密度	质量分数/%	物质的量浓度/($mol \cdot L^{-1}$)	配 1 $mol \cdot L^{-1}$ 1 L 所需体积/mL
HCl	36.46	1.19	36.0	11.70	85.5
HNO_3	63.02	1.42	69.5	15.60	64.0
H_2SO_4	98.08	1.84	96.0	17.95	55.7
H_3PO_4	98.00	1.69	85.0	14.70	68.0
$HClO_4$	100.50	1.67	70.0	11.65	85.7
HAc	60.03	1.06	99.5	17.60	56.9
$NH_3 \cdot H_2O$	35.04	0.90	58.6	15.10	66.5

附录 3　常用缓冲液的配制

1. 磷酸缓冲液

A 液：0.2 $mol \cdot L^{-1}$ Na_2HPO_4[称取 35.61 g $Na_2HPO_4 \cdot 2H_2O$(或 53.65 g $Na_2HPO_4 \cdot 7H_2O$，或 71.64 g $Na_2HPO_4 \cdot 12H_2O$)，加少量蒸馏水溶解后定容至 1 000 mL]。

B 液：0.2 $mol \cdot L^{-1}$ NaH_2PO_4[称取 27.60 g $NaH_2PO_4 \cdot H_2O$(或 31.20 g $NaH_2PO_4 \cdot 2H_2O$)，加少量蒸馏水溶解后定容至 1 000 mL]。

附表 3-1　磷酸缓冲液配制

x	y	pH	x	y	pH
6.5	93.5	5.7	55.0	45.0	6.9
8.0	92.0	5.8	61.0	39.0	7.0
10.0	90.0	5.9	67.0	33.0	7.1
12.3	87.7	6.0	72.0	28.0	7.2
15.0	85.0	6.1	77.0	23.0	7.3
18.5	81.5	6.2	81.0	19.0	7.4
22.5	77.5	6.3	84.0	16.0	7.5
26.5	73.5	6.4	87.0	13.0	7.6
31.5	68.5	6.5	89.5	10.5	7.7
37.5	62.5	6.6	91.5	8.5	7.8
43.5	56.5	6.7	93.0	7.0	7.9
49.0	51.0	6.8	94.7	5.3	8.0

注：x mL A＋ y mL B，稀释至 200 mL。

2. Tris-HCl 缓冲液(0.05 $mol \cdot L^{-1}$)

A 液：0.2 $mol \cdot L^{-1}$ 三羟基氨基甲烷(Tris)溶液(称取 24.20 g Tris，加少量蒸馏水溶解后定容至 1 000 mL)。

B 液：0.1 $mol \cdot L^{-1}$ HCl(吸取 16.7 mL HCl，加蒸馏水定容至 1 000 mL)。

附表 3-2　0.05 mol·L^{-1} Tris-HCl 缓冲液配制

pH		x	y	pH		x	y
23 ℃	37 ℃			23 ℃	37 ℃		
9.10	8.95	25	5.0	8.05	7.90	25	27.5
8.92	8.78	25	7.5	7.96	7.82	25	30.0
8.74	8.60	25	10.0	7.87	7.73	25	32.5
8.62	8.48	25	12.5	7.77	7.63	25	35.0
8.50	8.37	25	15.0	7.66	7.52	25	37.5
8.40	8.27	25	17.5	7.54	7.40	25	40.0
8.32	8.18	25	20.0	7.36	7.22	25	42.5
8.23	8.10	25	22.5	7.20	7.05	25	45.0
8.14	8.00	25	25.0				

注：x mL A ＋y mL B，稀释至 100 mL。

3. 巴比妥缓冲液

A 液：0.2 mol·L^{-1} 巴比妥钠(称取 41.2 g $Na_8C_8H_{11}N_2O_3$，加少量蒸馏水溶解后定容至 1 000 mL)。

B 液：0.2 mol·L^{-1} HCl(吸取 17.1 mL 浓 HCl，稀释成 1 000 mL)。

附表 3-3　巴比妥缓冲液配制

pH	x	pH	x
6.8	45.0	8.2	12.7
7.0	43.0	8.4	9.0
7.2	39.0	8.6	6.0
7.4	32.5	8.8	4.0
7.6	27.5	9.0	2.5
7.8	22.5	9.2	1.5
8.0	17.5		

注：50 mL A ＋ x mL B，稀释至 200 mL。

4. H_3BO_3-硼砂缓冲液

A 液：0.2 mol·L^{-1} H_3BO_3(称取 12.40 g H_3BO_3，加少量蒸馏水溶解后定容至 1 000 mL)。

B 液：0.05 mol·L^{-1} 硼砂(称取 19.05 g $Na_2B_4O_7 \cdot 10H_2O$，加少量蒸馏水溶解后定容至 1 000 mL)。

附表 3-4　H_3BO_3-硼砂缓冲液配制

pH	x	pH	x
7.6	2.0	8.7	22.5
7.8	3.1	8.8	30.0
8.0	4.9	8.9	42.5
8.2	7.3	9.0	59.0
8.4	11.5	9.1	83.0
8.6	17.5	9.2	115.0

注：50 mL A ＋ x mL B，稀释至 200 mL。

5. HCl-KCl 缓冲液

A 液：0.2 mol·L^{-1} KCl 溶液（称取 14.91 g KCl，加少量蒸馏水溶解后定容至 1 000 mL）。

B 液：0.2 mol·L^{-1} HCl（吸取 17.1 mL 浓 HCl，加蒸馏水稀释至 1 000 mL）。

附表 3-5 HCl-KCl 缓冲液配制

pH	x	pH	x
1.0	97.0	1.7	20.6
1.1	78.0	1.8	16.6
1.2	64.5	1.9	13.2
1.3	51.0	2.0	10.6
1.4	41.5	2.1	8.4
1.5	33.3	2.2	6.7
1.6	26.3		

注：50 mL A + x mL B，稀释至 200 mL。

6. 醋酸（HAc）-醋酸钠（NaAc）缓冲液

A 液：0.2 mol·L^{-1} HAc（吸取 11.55 mL HAc，加蒸馏水稀释至 1 000 mL）。

B 液：0.2 mol·L^{-1} NaAc（称取 16.40 g NaAc，加少量蒸馏水溶解后定容至 1 000 mL）。

附表 3-6 HAc-NaAc 缓冲液配制

pH	x	y	pH	x	y
3.6	46.3	3.7	4.8	20.0	30.0
3.8	44.0	6.0	5.0	14.8	35.2
4.0	41.0	9.0	5.2	10.5	39.5
4.2	36.8	13.2	5.4	8.8	41.2
4.4	30.5	19.5	5.6	4.8	45.2
4.6	25.5	24.5			

注：x mL A + y mL B，稀释至 100 mL。

7. 柠檬酸-磷酸缓冲液

A 液：0.1 mol·L^{-1} 柠檬酸（称取 19.21 g 柠檬酸，加少量蒸馏水溶解后定容至 1 000 mL）。

B 液：0.2 mol·L^{-1} 磷酸氢二钠（称取 53.65 g $Na_2HPO_4 \cdot 7H_2O$，或 71.7 g $Na_2HPO_4 \cdot 12H_2O$，加少量蒸馏水溶解后定容至 1 000 mL）。

附表 3-7 柠檬酸-磷酸缓冲液配制

pH	x	y	pH	x	y
2.6	44.6	5.4	5.0	24.3	25.7
2.8	42.2	7.8	5.2	23.3	26.7
3.0	39.8	10.2	5.4	22.2	27.8
3.2	37.7	12.3	5.6	21.0	29.0
3.4	35.9	14.1	5.8	19.7	30.3
3.6	33.9	16.1	6.0	17.9	32.1
3.8	32.3	17.7	6.2	16.9	33.1
4.0	30.7	19.3	6.4	15.4	34.6
4.2	29.4	20.6	6.6	13.6	36.4
4.4	27.8	22.2	6.8	9.1	40.9
4.6	26.7	23.3	7.0	6.5	43.6
4.8	25.2	24.8			

注：x mL A + y mL B，稀释至 100 mL。

8. 甘氨酸-HCl 缓冲液

A 液：0.2 mol·L^{-1} 甘氨酸溶液（称取 15.01 g 甘氨酸，加少量蒸馏水溶解后定容至 1 000 mL）。

B 液：0.2 mol·L^{-1} HCl（吸取 17.1 mL 浓 HCl，加蒸馏水稀释至 1 000 mL）。

附表 3-8 甘氨酸-HCl 缓冲液配制

pH	x	pH	x
2.2	44.0	3.0	11.4
2.4	32.4	3.2	8.2
2.6	24.2	3.4	6.4
2.8	16.8	3.6	5.0

注：50 mL A + x mL B，稀释至 200 mL。

9. 邻苯二甲酸氢钾-HCl 缓冲液

A 液：0.2 mol·L^{-1} 邻苯二甲酸氢钾溶液（称取 40.84 g $KHC_8H_4O_4$，加少量蒸馏水溶解后定容至 1 000 mL）。

B 液：0.2 mol·L^{-1} HCl（吸取 17.1 mL 浓 HCl，加蒸馏水稀释至 1 000 mL）。

附表 3-9 邻苯二甲酸氢钾-HCl 缓冲液配制

pH	x	pH	x
2.2	46.7	3.2	14.7
2.4	39.6	3.4	9.9
2.6	33.0	3.6	6.0
2.8	26.4	3.8	2.63
3.0	20.3		

注：50 mL A + x mL B，稀释至 200 mL。

10. 乌头酸-NaOH 缓冲液

A 液：0.5 mol·L^{-1} 乌头酸溶液[称取 87.05 g$(C_3H_3COOH)_3$，加少量蒸馏水溶解后定容至 1 000 mL]。

B 液：0.2 mol·L^{-1}NaOH 溶液（称取 8.0 g NaOH，加少量蒸馏水溶解后定容至 1 000 mL）。

附表 3-10 乌头酸-NaOH 缓冲液配制

pH	x	pH	x
2.5	15.0	4.3	83.0
2.7	21.0	4.5	90.0
2.9	28.0	4.7	97.0
3.1	36.0	4.9	103.0
3.3	44.0	5.1	108.0
3.5	52.0	5.3	113.0
3.7	60.0	5.5	119.0
3.9	68.0	5.7	126.0
4.1	76.0		

注：20 mL A ＋ x mL B，稀释至 200 mL。

11. 柠檬酸缓冲液

A 液：0.1 mol·L^{-1} 柠檬酸（称取 19.21 g $C_6H_8O_7$，加少量蒸馏水溶解后定容至 1 000 mL）。

B 液：0.1 mol·L^{-1} 柠檬酸三钠（称取 29.41 g $C_6H_5O_7Na_3 \cdot 2H_2O$，加蒸馏水溶解后定容至 1 000 mL）。

附表 3-11 柠檬酸缓冲液配制

pH	x	y	pH	x	y
3.0	46.5	3.5	4.8	23.0	27.0
3.2	43.7	6.3	5.0	20.5	29.5
3.4	40.0	10.0	5.2	18.0	32.0
3.6	37.0	13.0	5.4	16.0	34.0
3.8	35.0	15.0	5.6	13.7	36.3
4.0	33.0	17.0	5.8	11.8	38.2
4.2	31.5	18.5	6.0	9.5	40.5
4.4	28.0	22.0	6.2	7.2	42.8
4.6	25.5	24.5			

注：x mL A ＋ y mL B，稀释至 100 mL。

12. 邻苯二甲酸氢钾-NaOH 缓冲液

A 液：0.2 mol·L^{-1} 邻苯二甲酸氢钾溶液（称取 40.84 g $KHC_8H_4O_4$，加蒸馏水溶解后定容至 1 000 mL）。

B 液：0.2 $mol \cdot L^{-1}$ NaOH 溶液（称取 8.0 g NaOH，加蒸馏水溶解后定容至 1 000 mL）。

附表 3-12　邻苯二甲酸氢钾-NaOH 缓冲液配制

pH	x	pH	x
4.2	3.7	5.2	30.0
4.4	7.5	5.4	35.5
4.6	12.2	5.6	39.8
4.8	17.7	5.8	43.0
5.0	23.9	6.0	45.5

注：50 mL A ＋ x mL B，稀释至 200 mL。

13. 琥珀酸缓冲液

A 液：0.2 $mol \cdot L^{-1}$ 琥珀酸溶液（称取 23.6 g $C_4H_6O_4$，加蒸馏水溶解后定容至 1 000 mL）。

B 液：0.2 $mol \cdot L^{-1}$ NaOH 溶液（称取 8.0 g NaOH，加蒸馏水溶解后定容至 1 000 mL）。

附表 3-13　琥珀酸缓冲液配制

pH	x	pH	x
3.8	7.5	5.0	26.7
4.0	10.0	5.2	30.3
4.2	13.3	5.4	34.2
4.4	16.7	5.6	37.5
4.6	20.0	5.8	40.7
4.8	23.5	6.0	43.5

注：25 mL A ＋ x mL B，稀释至 100 mL。

14. 甘氨酸-NaOH 缓冲液

A 液：0.2 $mol \cdot L^{-1}$ 甘氨酸溶液（称取 15.01 g NH_2CH_2COOH，加蒸馏水溶解后定容至 1 000 mL）。

B 液：0.2 $mol \cdot L^{-1}$ NaOH 溶液（称取 8.0 g NaOH，加蒸馏水溶解后定容至 1 000 mL）。

附表 3-14　甘氨酸-NaOH 缓冲液配制

pH	x	pH	x
8.6	4.0	9.6	22.4
8.8	6.0	9.8	27.2
9.0	8.8	10.0	32.0
9.2	12.0	10.4	38.6
9.4	16.8	10.6	45.7

注：50 mL A ＋ x mL B，稀释至 200 mL。

15. 硼砂-NaOH 缓冲液

A 液：0.05 $mol \cdot L^{-1}$ 硼砂（称取 19.05 g $Na_2B_4O_7 \cdot 10H_2O$，加蒸馏水溶解后定容至 1 000 mL）。

B 液：0.2 $mol \cdot L^{-1}$ NaOH 溶液（称取 8.0 g NaOH，加蒸馏水溶解后定容至 1 000 mL）。

附表 3-15 硼砂-NaOH 缓冲液配制

pH	x	pH	x
9.28	0.0	9.7	29.0
9.35	7.0	9.8	34.0
9.4	11.0	9.9	38.6
9.5	17.6	10.0	43.0
9.6	23.0	10.1	46.0

注:50 mL A + x mL B,稀释至 200 mL。

16. 碳酸缓冲液

A 液:0.2 mol·L^{-1} 碳酸钠(称取 21.2 g Na_2CO_3 或 24.8 g $Na_2CO_3 \cdot H_2O$,加蒸馏水溶解后定容至 1 000 mL)。

B 液:0.2 mol·L^{-1} 碳酸氢钠(称取 16.8 g $NaHCO_3$,加蒸馏水溶解后定容至 1 000 mL)。

附表 3-16 碳酸缓冲液配制

pH	x	y	pH	x	y
9.2	4.0	46.0	10.0	27.5	22.5
9.3	7.5	42.5	10.1	30.0	20.0
9.4	9.5	40.5	10.2	33.0	17.0
9.5	13.0	37.0	10.3	35.5	14.5
9.6	16.0	34.0	10.4	38.5	11.5
9.7	19.5	30.5	10.5	40.5	9.5
9.8	22.0	28.0	10.6	42.5	7.5
9.9	25.0	25.0	10.7	45.0	5.0

注:x mL A + y mL B,稀释至 200 mL。

17. 咪唑缓冲液

0.2 mol·L^{-1} 咪唑($C_3H_4N_2$)溶液:称取 13.62 g 咪唑溶于 600 mL 蒸馏水,用 1 mol·L^{-1} HCl 调节至所需 pH,然后定容至 1 000 mL。

18. HEPES 缓冲液

0.2 mol·L^{-1} 4-(2-羟乙基)-1-哌嗪乙基磺酸($C_8H_{18}O_4N_2S$)溶液:称取 47.66 g $C_8H_{18}O_4N_2S$ 溶于 600 mL 蒸馏水,用 1 mol·L^{-1}NaOH 调节至所需 pH,然后定容至 1 000 mL。

19. Tricine 缓冲液

0.2 mol·L^{-1} 三-(羟甲基)-甲基甘氨酸[$(NOCH_2)_3CNHCH_2CO_2H$]溶液:称取 35.83 g 三-(羟甲基)-甲基甘氨酸溶于 600 mL 蒸馏水,用 1 mol·L^{-1}NaOH 调节至所需 pH,然后定容至 1 000 mL。

20. 甘氨酰-甘氨酸缓冲液

0.2 mol·L^{-1} 甘氨酰-甘氨酸(H_2NCH_2-$CONHCH_2COOH$)溶液:称取 26.42 g 甘氨酰-

甘氨酸溶于 600 mL 蒸馏水，用 1 mol・L^{-1} NaOH 调节至所需 pH，然后定容至 1 000 mL。

21. TE 缓冲溶液

10 mmol・L^{-1}Tris-HCl + 1 mmol・L^{-1}EDTA(292 mg・L^{-1})。

22. TAE(Tris-醋酸-EDTA)电泳缓冲液

称(移)取 242 g Tris、57.1 mL 冰醋酸、37.2 g Na_2-EDTA・$2H_2O$，用去离子水溶解，定容至 1 000 mL，pH 8.0，用时稀释 50 倍。

23. PBS 缓冲液

称取 8.0 g NaCl、0.2 g KCl、0.2 g KH_2PO_4、1.15 g Na_2HPO_4，用去离子水溶解，定容至 1 000 mL，pH 7.4。

附录 4 常用酸碱指示剂

指示剂名称		配制方法	颜色		变色
中文	英文	(0.1 g 溶于 250 mL 下列溶液)	酸	碱	pH 范围
甲酚红(酸范围)	cresol red(acid range)	水，含 2.62 mL 0.1 mol・L^{-1} NaOH	红	黄	0.2～1.8
百里酚蓝	thymol blue	水，含 2.15 mL 0.1 mol・L^{-1} NaOH	红	黄	1.2～2.8
甲基黄	methyl yellow	90%乙醇	红	黄	2.9～4.0
溴酚蓝	bromophenol blue	水，含 1.49 mL 0.1 mol・L^{-1} NaOH	黄	紫	3.0～4.6
甲基橙	methyl orange	游离酸：水，钠盐：水，含 3 mL 0.1 mol・L^{-1} NaOH	红	橙黄	3.1～4.4
溴甲酚绿(蓝)	bromocresol green(blue)	水，含 1.43 mL 0.1 mol・L^{-1} NaOH	黄	蓝	3.6～5.2
刚果红	congo red	水，或 80%乙醇	红紫	红橙	3.0～5.0
甲基红	methyl red	钠盐：水，游离酸：60%乙醇	红	黄	4.2～6.3
氯酚红	chlorophenol red	水，含 2.36 mL 0.1 mol・L^{-1} NaOH	黄	紫红	4.8～6.4
溴甲酚紫	bromocresol purole	水，含 1.85 mL 0.1 mol・L^{-1} NaOH	黄	紫	5.2～6.8
石蕊	litrnus	水	红	蓝	5.0～8.0
溴百里酚蓝	bromothymol blue	水，含 1.6 mL 0.1 mol・L^{-1} NaOH	黄	蓝	6.0～7.6
酚红	phenol red	水，含 2.82 mL 0.1 mol・L^{-1} NaOH	黄	红	6.8～8.4
中性红	neutral red	70%乙醇	红	橙棕	6.8～8.0
甲酚红(碱范围)	cresol red(basic range)	水，含 2.62 mL 0.1 mol・L^{-1} NaOH	黄	红紫	7.2～8.8
间苯甲酚紫	m-cresol purple	水，含 2.62 mL 0.1 mol・L^{-1} NaOH	黄	紫	7.6～9.2
百里酚蓝	thymol blue	水，含 2.15 mL 0.1 mol・L^{-1} NaOH	黄	蓝	8.0～9.6
酚酞	phenolphthalein	70%乙醇	无色	粉红	9.3～10.0
麝香草酚酞	thymolphthalein	90%乙醇	无色	蓝	9.3～10.5
茜黄	alizarin yellow	乙醇	黄	红	10.1～12.0
金莲橙	tropeolin	水	黄	橙	11.1～12.7

注：指示剂通常用 0.1 mol・L^{-1} NaOH 或 0.1 mol・L^{-1} HCl 调节至中间色调。